Eman Refaat
Nadia Mohamed Ahmed
Sherien M. El Daly

Serão os microRNAs marcadores de diagnóstico promissores no cancro?

Eman Refaat
Nadia Mohamed Ahmed
Sherien M. El Daly

Serão os microRNAs marcadores de diagnóstico promissores no cancro?

ScienciaScripts

Imprint

Cover image: www.ingimage.com

This book is a translation from the original published under ISBN 978-620-2-07818-4.

Publisher:
Sciencia Scripts
is a trademark of
Dodo Books Indian Ocean Ltd. and OmniScriptum S.R.L publishing group

120 High Road, East Finchley, London, N2 9ED, United Kingdom
Str. Armeneasca 28/1, office 1, Chisinau MD-2012, Republic of Moldova, Europe
Printed at: see last page
ISBN: 978-620-7-93671-7

Índice

1 Introdução

O microRNA (abreviado **miRNA**) é uma pequena molécula de RNA não codificante (com cerca de 22 nucleótidos) presente em plantas, animais e alguns vírus, que desempenha um papel no silenciamento do RNA e na regulação pós-transcricional da expressão genética (**Ambros, 2004 & Bartel, 2004**). Embora a maioria dos miRNAs esteja localizada no interior da célula, alguns miRNAs, geralmente designados miRNAs circulantes ou miRNAs extracelulares, também foram encontrados no ambiente extracelular, incluindo vários fluidos biológicos e meios de cultura celular **(Mahmodul, 2016).** Codificados pelo ADN nuclear eucariótico em plantas e animais e pelo ADN viral em alguns vírus com genomas baseados em ADN, os miRNAs funcionam através do emparelhamento de bases com sequências complementares dentro de moléculas de ARNm **(Bartel, 2009).** Como resultado, essas moléculas de mRNA são silenciadas por um ou mais dos seguintes processos:

- Clivagem da cadeia de ARNm em duas partes,
- Desestabilização do ARNm por encurtamento da sua cauda poli (A)
- Tradução menos eficiente do ARNm em proteínas pelos ribossomas (**Bartel 2009 & Fabian et al., 2010**)

Os miRNAs assemelham-se aos pequenos RNAs de interferência (siRNAs) da via de interferência do RNA (RNAi), exceto que os miRNAs têm origem em regiões de transcrições de RNA que se dobram sobre si próprias para formar grampos curtos, enquanto os siRNAs têm origem em regiões mais longas de RNA de cadeia dupla ((**Ambros, 2004)**. O genoma humano pode codificar mais de 1.000 miRNAs (**Bentwich et al., 2005)**, que são abundantes em muitas regiões do mundo.tipos de células de mamíferos (**Lim et al., 2003**) e parecem ter como alvo cerca de 60% dos genes humanos e de outros mamíferos (**Friedman et al., 2009**).

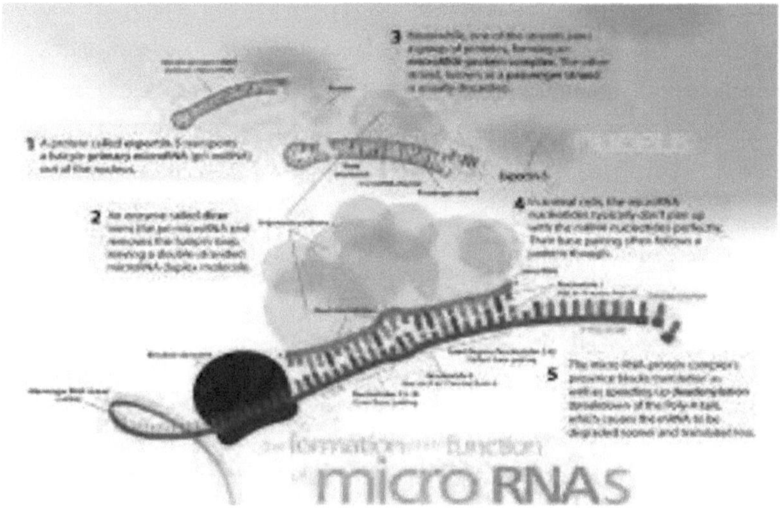

Diagrama da ação dos microRNAs (miRNAs) no ARNm

2 História

O primeiro miRNA foi descoberto em 1993 por um grupo liderado por Ambros e que incluía Lee e Feinbaum; mas para compreender melhor o seu modo de ação foram necessários trabalhos publicados simultaneamente pela equipa de Ruvkun, incluindo Wightman e Ha **(Lee et al., 1993 & Wightman et al., 1993)**. Estes grupos publicaram trabalhos consecutivos sobre o gene lin-4, que era conhecido por controlar o tempo de desenvolvimento das larvas de C. elegans através da repressão do gene lin-14. Quando Lee et al. isolaram o gene lin-4, descobriram que, em vez de produzir um ARNm codificador de proteínas, produzia ARNs curtos não codificadores, um dos quais era um ARN de cerca de 22 nucleótidos que continha sequências parcialmente complementares a várias sequências na 3' UTR do ARNm lin-14 **(Lee et al., 1993.)**. Foi proposto que esta complementaridade inibe a tradução do ARNm do lin-14 na proteína lin-14. Na altura, pensava-se que o pequeno ARN lin-4 era uma idiossincrasia dos nemátodos.

Em 2000, foi caracterizado um segundo pequeno ARN: o ARN let-7, que reprime a lin-41 para promover uma transição de desenvolvimento mais tardia em C. elegans (**Reinhart et al., 2000**). O ARN let-7 demonstrou ser conservado em muitas espécies, levando à sugestão de que o ARN let-7 e outros "pequenos ARNs temporais" podem regular o momento do desenvolvimento numa variedade de animais, incluindo os humanos (**Pasquinelli et al., 2000**).

Um ano mais tarde, descobriu-se que os RNAs lin-4 e let-7 faziam parte de uma grande classe de pequenos RNAs presentes nas células de C. elegans, Drosophila e humanos (**Lagos-Quintana et al., 2001**). Os muitos RNAs desta classe assemelham-se aos RNAs lin-4 e let-7, exceto que os seus perfis de expressão são geralmente incompatíveis com um papel na regulação do tempo de desenvolvimento. Isto sugere que a maioria deles pode funcionar noutros tipos de vias de regulação.

Foi nesta altura que os investigadores começaram a utilizar o termo "microRNA" para se referirem a esta classe de pequenos RNAs reguladores (**Musilova et al., 2014**). A primeira doença humana associada à desregulação dos miRNA foi a leucemia linfocítica crónica (**Musilova, 2014**).

3 Nomenclatura

De acordo com um sistema de nomenclatura padrão, os miRNAs confirmados experimentalmente recebem nomes antes de serem publicados (**Ambros et al., 2003 & Griffiths-Jones et al., 2006)**. O prefixo "miR" é seguido de um hífen e de um número, sendo que este último indica frequentemente a ordem de nomeação. Por exemplo, o miR-124 foi nomeado e provavelmente descoberto antes do miR-456. Um "miR-" em maiúsculas refere-se à forma madura do miRNA, enquanto o "mir-" sem maiúsculas se refere ao pré-miRNA e ao pri-miRNA, e "MIR" ao gene que os codifica **(Wright e Bruford 2011).** Os miRNAs cujas sequências são quase idênticas, exceto por um ou dois nucleótidos, são anotados com uma letra minúscula adicional. Por exemplo, o miR-124a está estreitamente relacionado com o miR-124b.

Os pré-miRNAs, pri-miRNAs e genes que conduzem a miRNAs maduros 100% idênticos, mas que estão localizados em diferentes partes do genoma, são indicados por um sufixo adicional de traço. Por exemplo, os pré-miRNAs hsa-mir-194-1 e hsa-mir-194-2 conduzem a um miRNA maduro idêntico (hsa-miR-194), mas provêm de genes localizados em regiões diferentes do genoma.

A espécie de origem é designada por um prefixo de três letras; por exemplo, hsa-miR- 124 é miRNA humano (Homo sapiens) e oar-miR-124 é miRNA de ovelha (Ovis aries). Outros prefixos comuns são "v" para viral (miRNA codificado por um genoma viral) e "d" para miRNA de Drosophila (uma mosca da fruta comummente estudada em investigação genética).

Quando dois microRNAs maduros provêm de braços opostos do mesmo pré-miRNA e são encontrados em quantidades aproximadamente semelhantes, são designados por um sufixo -3p ou -5p. (No passado, esta distinção também era feita com "s" (sense) e "as" (antisense)). No entanto, o microRNA maduro de um braço do hairpin é geralmente muito mais abundante do que o do outro braço **(Bartel, 2004)**. Neste caso, um asterisco a seguir ao nome indica a espécie madura que se encontra em níveis baixos no braço oposto de um hairpin. Por exemplo, o miR-124 e o miR-124* partilham um hairpin de pré-miRNA, mas encontra-se muito mais miR-124 na célula.

Funções celulares

A função dos miRNAs parece ser a regulação dos genes. Para tal, um miRNA é complementar a uma parte de um ou mais RNAs mensageiros (mRNAs). Os miRNAs animais são geralmente complementares a um sítio na 3' UTR, enquanto os miRNAs vegetais são geralmente complementares às regiões codificadoras dos mRNAs (**Wang et al., 2004).** O emparelhamento de bases perfeito ou quase perfeito com o ARN alvo promove a clivagem do ARN (**Kawasaki et al., 2004**). Este é o principal modo de ação dos miRNAs das plantas (**Morozova et al., 2008**).

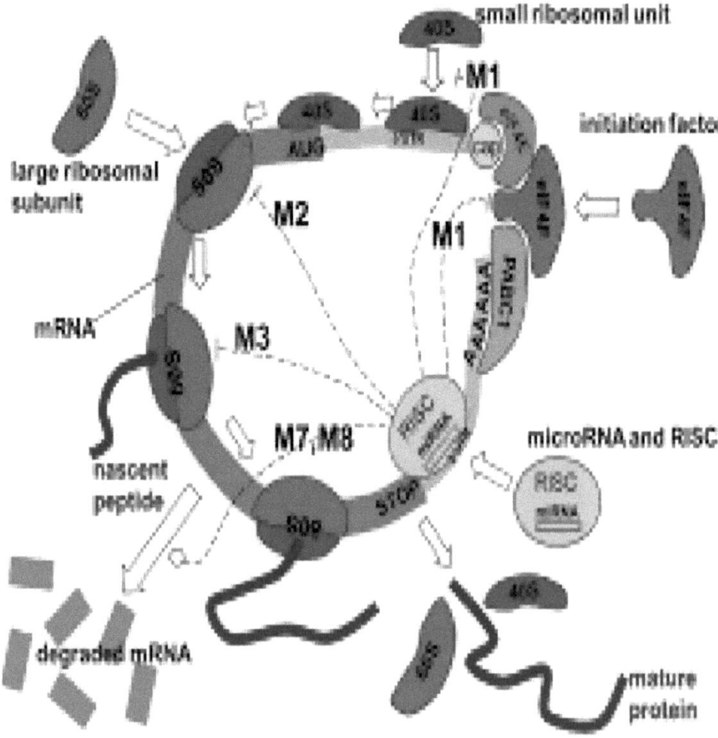

Interação dos microRNA com o processo de tradução das proteínas. Foram apresentados vários mecanismos de repressão da tradução: M1) no processo de iniciação, impedindo a montagem do complexo de iniciação ou o recrutamento da subunidade ribossómica 40S; M2) na montagem do ribossoma; M3) no processo de tradução; M7, M8) na degradação do mRNA **(Morozova et al., 2012).** 40S e 60S são os componentes leves e pesados do ribossoma, 80S é o ribossoma montado ligado ao ARNm, eIF4F é um fator de iniciação da tradução, PABC1 é a proteína de ligação Poly-A, e "cap" é a estrutura da capa do ARNm necessária para a circularização do ARNm (que pode ser a capa m7G normal ou a capa A modificada). A iniciação do ARNm pode ocorrer independentemente da capa, através do recrutamento de 40S para o IRES (Internal Ribosome Entry Site) localizado na região 5UTR. O silenciamento do ARN é efectuado pela RISC, cuja principal subunidade catalítica é uma das proteínas Argonautas (AGO), e o miRNA serve de molde para reconhecer sequências específicas de ARNm.

Para que os microRNAs parcialmente complementares reconheçam os seus alvos, os nucleótidos 2 a 7 do miRNA (a sua "região semente" **(Lewis et al., 2005)**) devem ser perfeitamente complementares (**Maziere et al., 2007**). Os miRNAs animais inibem a tradução proteica do mRNA alvo[94] (este fenómeno está presente mas é menos frequente nas plantas) (**Moxon et al., 2008**). Os microRNAs parcialmente complementares também podem acelerar a desenilação, levando a uma degradação mais rápida do mRNA **(Eulalio et al., 2009)**. Embora a degradação do ARNm alvo pelos miRNAs esteja bem documentada, existe um debate considerável sobre se a repressão da tradução é mediada pela degradação do ARNm, pela inibição da tradução ou por uma combinação de ambas. Trabalhos recentes sobre o miR-430 no peixe-zebra, e sobre o bantam-miRNA e o miR-9 em células de Drosophila em cultura, mostram que a repressão da tradução é causada pela perturbação do início da tradução, independentemente da mortenilação do mRNA (**Djuranovic et al., 2012**).

Os miRNAs também podem levar à modificação das histonas e à metilação do ADN nos locais promotores, afectando a expressão dos genes-alvo **(Tan et al., 2009)**.

Foram descritos nove mecanismos de ação dos miRNA, que foram reunidos num modelo matemático unificado **(Morozova et al., 2012)**

- Inibição da iniciação do Cap-40S ;
- Inibição da junção de unidades ribossómicas 60S ;
- Inibição do alongamento ;
- Queda do ribossoma (terminação prematura) ;
- Degradação co-translacional de proteínas nascentes ;
- Sequestro em corpos P ;
- Decaimento do ARNm (desestabilização) ;
- clivagem do ARNm ;

- Inibição da transcrição por reorganização da cromatina mediada por microRNA, seguida de silenciamento do gene.

Muitas vezes é impossível discernir estes mecanismos utilizando dados experimentais sobre taxas de reação estacionárias. No entanto, podem ser distinguidos pela sua dinâmica e assinaturas cinéticas **(Tan et al., 2009).**

Ao contrário dos microRNAs de plantas, os microRNAs de animais têm como alvo uma variedade de genes (**Lewis** et al., 2003). No entanto, os genes envolvidos em funções comuns a todas as células, como a expressão genética, têm relativamente menos sítios-alvo de microRNA e parecem ser seleccionados para evitar serem alvo de microRNAs (**Stark et al., 2005**). Os dsRNAs também podem ativar a expressão génica, um mecanismo que tem sido designado por "ativação génica induzida por pequenos ARN" ou sRNA. Este fenómeno foi demonstrado em células humanas utilizando dsRNAs sintéticos denominados pequenos RNAs activadores (sRNAs) (**Li, 2008**), mas também foi demonstrado para microRNAs endógenos (**Place et al., 2008).**

Pensa-se que as interacções entre microRNAs e sequências complementares em genes e mesmo pseudogénios que partilham homologia de sequência constituem uma via de comunicação de feedback que regula os níveis de expressão entre genes paralógicos. Conhecidos como "RNAs endógenos concorrentes" (ceRNAs), estes microRNAs ligam-se a "elementos de resposta de microRNA" em genes e pseudogénios e podem fornecer outra explicação para a persistência de ADN não codificante **(Salmena et al.,2011).**

4 Evolução

Os microRNAs são marcadores filogenéticos úteis devido à sua taxa de evolução aparentemente baixa **(Wheeler et al., 2009).**

A origem dos microRNAs como mecanismo regulador desenvolveu-se a partir da maquinaria RNAi anterior, que foi inicialmente utilizada como defesa contra material genético exógeno, como os vírus (**Pashkovskiy e Ryazansky 2013**). A sua origem pode ter permitido o desenvolvimento de inovações morfológicas e, ao tornar a expressão genética mais específica e "sintonizável", possibilitou a génese de **órgãos** complexos **(Heimberg et al., 2008)** e talvez, em última análise, de vida complexa (**Peterson et al., 2009**). As explosões rápidas de inovação morfológica estão geralmente associadas a uma elevada taxa de acumulação de microRNA (**Wheeler et al., 2009**).

Os novos microRNAs são criados de muitas formas diferentes. Podem surgir novos microARNs a partir da formação aleatória de hairpins em secções "não-codificantes" do ADN (ou seja, intrões ou regiões intergénicas), mas também a partir da duplicação e modificação de microARNs existentes **(Nozawa et al., 2010).** Os microRNAs também podem ser formados a partir de duplicações invertidas de sequências codificadoras de proteínas, criando uma estrutura em gancho dobrada **(Allen et al., 2004).** A taxa de evolução (ou seja, a substituição de nucleótidos) nos microARNs de origem recente é comparável à observada noutros locais do ADN não codificante, o que implica uma evolução por deriva neutra; no entanto, os microARNs mais antigos apresentam uma taxa de mudança muito mais baixa (frequentemente menos de uma substituição por cada cem milhões de anos) **(Peterson et al., 2009)**, o que sugere que, quando um microARN adquire uma função, é submetido a uma seleção purificadora **(Nozawa et al., 2010)**. As regiões individuais de um gene de miRNA sofrem pressões evolutivas diferentes, sendo que as regiões vitais para o processamento e a função apresentam níveis mais elevados de conservação **(Warthmann et al., 2008).** Nesta fase, um microRNA raramente se perde no genoma de um animal (**Peterson et al., 2009**), embora se percam frequentemente microRNAs mais recentes (e, por conseguinte, provavelmente não funcionais) **(Nozawa et al., 2010).** Em Arabidopsis thaliana, o fluxo líquido de genes miRNA foi estimado entre 1,2 e 3,3 genes por milhão de anos (**Fahlgren et al., 2010**). Este facto torna-os um marcador filogenético valioso e é visto como uma possível solução para problemas filogenéticos pendentes, como as relações entre artrópodes **(Caravas e Friedrich 2010).** Por outro lado, em muitos casos, os microARN correlacionam-se mal com a filogenia, e é possível que a sua concordância filogenética reflicta em grande medida uma amostragem limitada de microARN **(Kenny et al. 2015).**

Os microRNAs estão presentes no genoma da maioria dos organismos eucarióticos, desde as algas castanhas **(Cock et al., 2010)** até aos animais. No entanto, a diferença na forma como estes microRNAs funcionam e são processados sugere que os microRNAs surgiram independentemente em plantas e animais (**Cuperus et al., 2011**). Nos animais, o genoma de Mnemiopsis leidyi **(Ryan et al., 2013)** parece carecer de microRNAs reconhecíveis, bem como das proteínas nucleares Drosha e Pasha, que são essenciais para a biogénese canónica de microRNAs. Até à data, este é o único animal que não possui Drosha. Os microRNAs desempenham um papel essencial na regulação da expressão genética em todos os animais nãoctenóforos estudados até à data, com exceção do Trichoplax adhaerens, o único membro conhecido do filo Placozoa (**Maxwell et a/. 2012)**.

Considerando todas as espécies, foram identificados mais de 5 000 miRNAs diferentes em março de 2010 (**Dimond (2010)**). Embora existam nas bactérias sequências curtas de ARN (50 a centenas de pares de bases) com funções largamente comparáveis, estas não possuem verdadeiros microARNs (**Tjaden et al., 2006**).

Os microRNAs (miRNAs) regulam uma vasta gama de processos biológicos, incluindo a carcinogénese. Nas células cancerosas, os miRNAs estão altamente desregulados. O primeiro miRNA, lin-4, foi descoberto em Caenorhabditis elegans (C. elegans) por Ambros e colegas (**Lee** et al., 1993). Foi identificado como um pequeno ARN que codifica uma proteína que afecta o desenvolvimento, regulando a expressão da proteína lin-14. Sete anos mais tarde, Reinhart et al. relataram outro miRNA em C. elegans, o let-7, que regula negativamente a expressão do gene heterocrónico lin-41 através de interacções RNA-RNA específicas da sequência com as regiões 3'-untranslated do seu mRNA **(Reinhart et al., 2000).** Posteriormente, três grupos independentes descobriram em 2001 que os miRNAs eram abundantes em invertebrados e vertebrados, e que alguns deles eram altamente conservados, sugerindo que a regulação pós-transcricional mediada por miRNA é uma função reguladora geral em todas as espécies (**Lagos-Quintana et al., 2001**). Atualmente, há um total de 1872 genes precursores de miRNA humanos anotados que se transformam em ~ 2578 sequências de miRNA maduros (http://www.mirbase.org), enquanto as funções de muitos miRNAs ainda são desconhecidas. A primeira prova do envolvimento de miRNAs no cancro humano foi fornecida pelo grupo do Dr. Croce em estudos para identificar supressores de tumores na região do cromossoma 13q14 em células de leucemia linfocítica crónica de células B **(Calin et al., 2002).** Descobriram que esta região, frequentemente suprimida na leucemia linfocítica crónica de células B, contém na realidade dois genes miRNA, miR-15a e miR-16-1. Estes dois genes estão suprimidos ou com regulação negativa na maioria dos casos de leucemia linfocítica crónica clínica. Estudos posteriores revelaram que o miR-15 e o miR-16-1 actuam como supressores de tumores, induzindo a apoptose através da repressão da Bcl-2, uma proteína anti-apoptótica sobre-expressa em células B malignas que não se dividem e em muitas doenças malignas sólidas **(Calin et al., 2008).** Mais importante ainda, a supressão do cluster miR-15 e miR-16-1 em ratinhos recapitulou os fenótipos associados à leucemia linfocítica crónica observados em seres humanos, fornecendo provas convincentes do papel crítico destes dois miRNAs na supressão de tumores.9 Nos anos que se seguiram, o perfil de miRNA e a sequenciação profunda forneceram provas directas de que a expressão de miRNA está desregulada no cancro e que as suas assinaturas podem ser utilizadas para a classificação, diagnóstico e prognóstico de tumores. Nesta revisão, descrevemos brevemente a biogénese e a regulação dos miRNAs. Além disso, elucidámos os mecanismos pelos quais a expressão do miRNA é desregulada no cancro humano. Dissecámos a forma como os miRNAs estão envolvidos nas características distintivas do cancro, quer como oncogenes quer como supressores de tumores. Por último, descrevemos o potencial dos miRNAs como biomarcadores para o diagnóstico, o prognóstico e o tratamento do cancro, bem como os desafios colocados pela investigação e pelas aplicações dos miRNAs.

Os miRNAs actuam tanto como oncogenes como supressores de tumores

Vários estudos de perfil de expressão em grande escala demonstraram que a expressão de miRNA está desregulada em várias condições patológicas, como o cancro. Vários relatórios identificaram assinaturas de miRNA que permitem distinguir amostras normais de amostras tumorais **(Volinia et al., 2006)**. Estes estudos indicam que a expressão de miRNA pode ser um melhor indicador da origem e do prognóstico do tumor do que as matrizes convencionais de genes codificadores de proteínas **(Lu et al., 2005).** Além disso, um estudo de perfil de miRNA no tecido pancreático indica que a expressão de apenas 25 miRNAs pode distinguir o adenocarcinoma pancreático, a pancreatite crónica e o tecido pancreático normal **(Lee et al., 2007).**

Outros estudos mostraram que o perfil de expressão dos miRNAs é uma ferramenta altamente fiável para prever os resultados terapêuticos na leucemia e no cancro do cólon (**Schetter** et al., 2008). Foi sugerido que os miRNAs funcionam como oncogenes ou supressores de tumores com base na sua inibição de mRNAs alvo oncogénicos ou supressores de tumores, respetivamente. Por exemplo, o miR-21 está frequentemente sobreexpresso em diferentes tipos de cancro e tem como alvo muitos genes supressores de tumores, incluindo Bcl2, PTEN, morte celular programada 4 (PDCD4), sprouty, ligando Fas, inibidor tecidular da metaloproteinase 3 (TIMP3) e tropomiosina 1 (TPM1) **(Sayed et al., 2010).** O aumento da expressão do miR-21 regula negativamente vários alvos do miR-21 e contribui para o aumento da proliferação e/ou diminuição da apoptose. Embora tenham sido identificados vários supressores de tumores como alvos do miR-21, o efeito combinatório destes alvos e a especificidade do tipo de célula do miR-21 são pouco conhecidos. Tal como o miR-21, o miR-155 é altamente expresso em diferentes tipos de tumores e promove a oncogénese.

O miR-155 é processado a partir de um exão do RNA não codificante B cell integration cluster (BIC), que foi originalmente descrito como promovendo um local de integração do ADN viral em linfomas virais (**Clurman e Hayward, 1989**). De facto, a sobreexpressão do miR-155 é suficiente para induzir um linfoma de alto grau in vivo **(Costinean et al., 2006).** No cancro da mama, o miR-155 tem como alvo o FOXO3B, e uma expressão elevada do miR-155 está associada a uma maior sobrevivência celular e resistência a agentes quimioterapêuticos **(Kong et al., 2010).** Além disso, o miR-155 tem como alvo múltiplos componentes do sistema de reparação de erros de correspondência do ADN, conduzindo a uma elevada taxa de mutações do ADN e à instabilidade de microssatélites no cancro colorrectal (**Valeri et al., 2010).** Vários outros miRNAs, incluindo o grupo miR-17-92, miR- 372/miR-273 e miR-10b, também são conhecidos por promover a oncogénese em determinados contextos (**Tagawa et al., 2007**). Embora tenha sido demonstrado que alguns miRNAs promovem a oncogénese, vários estudos em grande escala sobre a expressão de miRNA indicaram que os níveis globais de miRNA são reduzidos em amostras de tumores em comparação com tecidos normais (**Lee et al., 2008**). Esta observação sugere que os miRNAs desempenham um papel na manutenção da homeostase, talvez através da manutenção de fenótipos celulares diferenciados. De facto, foi proposto que os miRNAs estabilizam os programas de expressão genética e são particularmente importantes para manter a homeostasia face a estímulos aberrantes (**Stark et al., 2005**). Foi relatado que vários miRNAs desempenham um papel supressor de tumores. Em particular, a expressão de let-7 é frequentemente reduzida em vários cancros (**Zhang et al., 2007**). A expressão exógena de let-7 inibe significativamente o crescimento tumoral num modelo in vivo de cancro do pulmão, confirmando a importância funcional deste miRNA na manutenção de um fenótipo diferenciado (**Kumar et al., 2008**). O miR-34a, que é induzido transcritivamente pelo p53, é frequentemente reprimido no carcinoma pancreático e está envolvido na regulação do ciclo celular, na apoptose e na reparação do ADN (**Chang** et **al., 2007**). Além disso, os níveis de miR-143 e miR-145 estão reduzidos em vários tipos de cancro, e o restabelecimento da expressão destes miRNAs em tumores da próstata ou colorrectais reduz significativamente o crescimento tumoral, tanto in vitro como in vivo (**Clape et al., 2009**). Por último, vários estudos sugerem que a função dos miRNAs é determinada pelo contexto celular específico. Por exemplo, pensa-se que o miR-29a actua como um oncogene ou um gene supressor de tumores, dependendo do contexto celular específico (**Gebeshuber et al., 2009**).

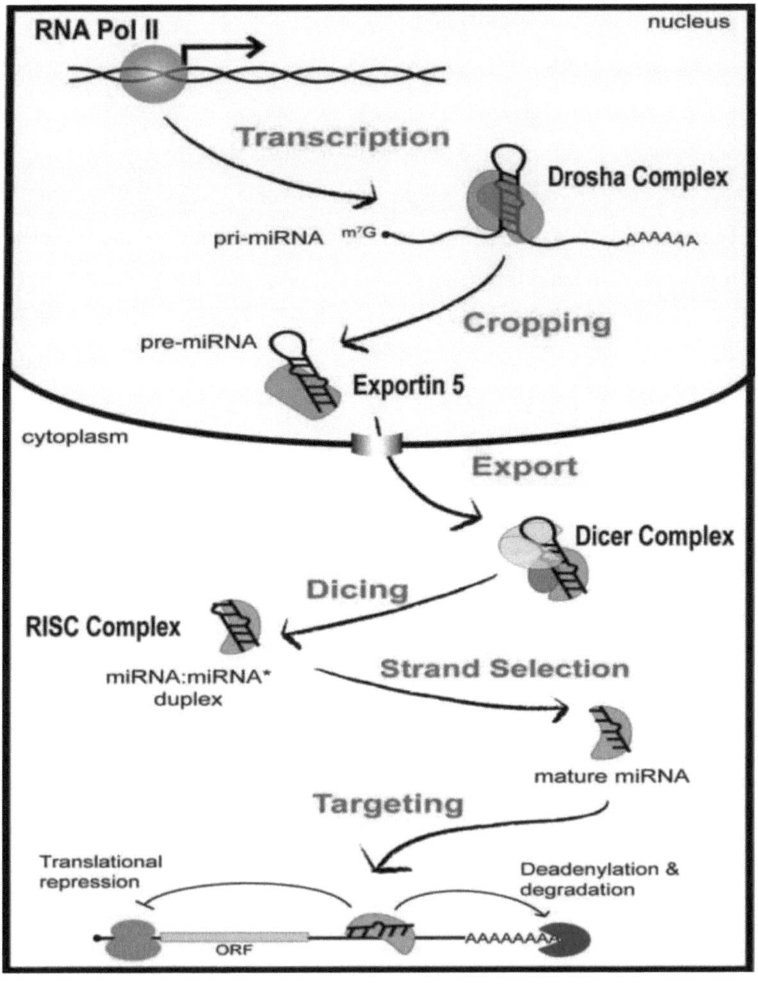

Mecanismo geral da biogénese do miRNA. Os miRNAs são inicialmente transcritos como um pri-miRNA longo, encapsulado e poliadenilado. O complexo Drosha converte o pri-miRNA num pré-miRNA em forma de grampo. A Exportina-5 promove então a translocação nuclear do pré-miRNA, que é depois processado pelo complexo Dicer. Após a clivagem, o miRNA:miRNA* resultante é dissociado e o miRNA maduro é incorporado no RISC, onde medeia o silenciamento de genes, quer inibindo a tradução, quer promovendo a degradação dos mRNAs alvo.

Biogénese e regulação dos mRNAs

A biogénese dos miRNAs começa com a transcrição do gene para um grande transcrito primário (pri-miRNA), cuja estrutura é 5' capped e 3' polyadenylated. A transcrição é geralmente mediada pela RNA polimerase II, embora alguns pré-miRNAs sejam gerados pela RNA polimerase III (**Borchert** et al., 2006). Os pri-miRNAs são então clivados por um complexo microprocessador, composto pela proteína de ligação ao RNA DGCR8 e pela RNase tipo III Drosha, numa estrutura em loop de cerca de 85 nucleótidos denominada miRNA precursor (pré-miRNA). Depois de serem transportados pelo complexo Ran/GTP/Exportina 5 do núcleo para o citoplasma, os pré-miRNAs são transformados por outra enzima RNase III, a Dicer, num duplex miRNA/miRNA de cerca de 20 a 22 nucleótidos (nota: indica a cadeia passageira, enquanto a outra cadeia complementar é designada por cadeia madura ou cadeia guia).

Uma vez desenrolado o duplex, o miRNA maduro é incorporado num complexo proteico denominado complexo de silenciamento induzido por RNA (RISC) e orienta o RISC para o mRNA alvo **(Macfarlane e Murphy 2010)**. Em muitos casos, as interacções miRNA-alvo são mediadas pela região semente, um fragmento de 6-8 nucleótidos na extremidade 5'do miRNA que forma pares Watson-Crick com o alvo correspondente **(Bartel 2009)**. No entanto, Helwak et al. identificaram outra técnica não enviesada, a CLASH **(Helwak et al., 2013)**. Independentemente da complexidade da interação, uma vez ligados ao seu mRNA alvo, os miRNAs causam repressão translacional, no caso de complementaridade imperfeita, ou degradação do mRNA alvo, no caso de complementaridade perfeita (**Vasudevan et al., 2007**).

Para além de regularem a expressão genética através do emparelhamento de bases com o ARNm correspondente, descobriu-se recentemente que os miRNAs funcionam como ligandos para ativar as vias de sinalização. Fabbri et al. descobriram pela primeira vez que o miR-21/miR-29a segregado por células tumorais se liga diretamente ao recetor 7 semelhante ao Toll murino ou ao recetor 8 semelhante ao Toll humano quando transferido para células imunitárias, resultando numa resposta inflamatória prometastática mediada pelo recetor semelhante ao Toll que pode, em última análise, conduzir ao crescimento do tumor e a metástases **(Fabbri et al., 2012).** Do mesmo modo, verificou-se que os miRNAs afectam a via de sinalização do fator nuclear κB nas células assassinas naturais, interagindo diretamente com o recetor 1 do tipo Toll como ligando **(He et al., 2013)**.

A biogénese de miRNA é rigorosamente controlada a vários níveis, incluindo a transcrição de miRNA, o processamento por Drosha e Dicer, o transporte, a ligação a RISC e a degradação. Por exemplo, pensa-se que as hélices de ARN DEAD box e a proteína SMAD estão envolvidas na maturação de miRNA mediada por Drosha **(Davis et al., 2008)**. A KSRP, a proteína reguladora de splicing do tipo KH, é um componente dos complexos Drosha e Dicer para regular a biogénese de um subconjunto de miRNAs em células de mamíferos **(Trabucchi et al., 2009).** Descobriu-se recentemente que a metiltransferase 3 funciona como um regulador da biogénese de miRNA através da metilação de pri-miRNAs, marcando-os para reconhecimento e processamento por DGCR8 para produzir miRNAs maduros (**Alarcon et al., 3015)**.

Mecanismos de desregulação de Mirna no cancro

Na última década, tornou-se claro que a expressão do miRNA está desregulada nas doenças malignas humanas. Os mecanismos subjacentes incluem anomalias cromossómicas, alterações no controlo da transcrição, alterações epigenéticas e defeitos na maquinaria de biogénese do miRNA. Amplificação ou supressão de genes de miRNA A expressão anormal de miRNAs em células malignas, em comparação com células normais, é frequentemente atribuída a alterações no número de cópias genómicas de miRNA e na localização dos genes (amplificação, supressão ou translocação). A primeira descoberta de uma alteração na localização do gene do miRNA foi a perda do gene do cluster miR-15a/16-1 no cromossoma 13q14, frequentemente observada em doentes com leucemia linfocítica crónica de células B. 6 No cancro do pulmão, a região 5q33 que alberga o miR-143 e o miR-145 é frequentemente suprimida, resultando numa diminuição da expressão de ambos os miRNAs (**Calin e Croce 2006**). Por outro lado, a amplificação do gene do cluster miR-17-92 foi observada em linfomas de células B **(Tagawa e Seto, 2005)** e cancros do pulmão **(Hayashita et al., 2005)**, e a translocação deste gene do cluster também foi observada na leucemia linfoblástica aguda de células T **(Mavrakis et al., 2010)**, levando à sobreexpressão destes miRNAs nestas doenças malignas. A elevada frequência de alterações genómicas nos loci de miRNA foi confirmada por hibridação genómica comparativa de alta resolução baseada em matrizes em 227 amostras de cancro do ovário, cancro da mama e melanoma **(Zhang et al., 2006).** Outros estudos de todo o genoma revelaram que muitos genes de miRNA estão localizados em regiões genómicas associadas ao cancro. Estas regiões podem ser uma região mínima de perda de heterozigotia, que pode albergar um gene supressor de tumores; uma região mínima de amplificação, que pode conter oncogenes; ou locais frágeis ou regiões de rutura comuns **(Calin et al., 2004).** Em conjunto, estes resultados sugerem que a expressão anormal de miRNA em células malignas pode resultar da amplificação ou deleção de regiões genómicas específicas que englobam genes de miRNA.

Organização genómica

Os miRNAs são codificados em várias regiões do genoma. Aproximadamente 50% dos miRNAs são derivados de transcritos de RNA não codificadores de proteínas, enquanto outros 40% estão localizados nos introns de genes codificadores de proteínas **(Saini e Griffiths-Jones 2007)**. Muitos miRNAs são codificados como grupos que variam de 2 a 19 hairpins de miRNAs codificados em estreita proximidade uns dos outros. A deteção de transcritos policistrónicos contendo vários miRNAs por Northern blot sugere que os miRNAs agrupados podem ser derivados de um único transcrito **(Baskerville e Bartel 2005)**. Curiosamente, muitos miRNAs são mapeados perto de locais frágeis, pontos de quebra comuns e outros locais de rearranjos genómicos associados ao cancro humano **(Calin et al., 2004).** Por exemplo, verificou-se que o cluster miR- 15a/miR-16 estava localizado na região 13q14.3, que é frequentemente eliminada na leucemia linfocítica crónica (LLC) **(Calin et al., 2002)**. Além disso, um importante alvo do miR-15a/miR-16-1, a proteína 2 do linfoma de células B (BCL-2), é altamente expresso na LLC, e os níveis de miR-15a/miR-16-1 estão inversamente correlacionados com a expressão de BCL-2 **(Cimmino et al., 2005).** A expressão ectópica do miR-16 reduz o crescimento celular e induz a apoptose num modelo de xenoenxerto leucémico **(Calin et al., 2008).** Estes resultados indicam que a perda de expressão de miRNA devido a rearranjos cromossómicos pode ser uma causa subjacente a programas oncogenéticos; é, portanto, plausível que a restauração da expressão normal de miRNA em células tumorais possa ter potencial terapêutico.

Controlo epigenético dos miRNAs

Como a maioria dos genes miRNA são transcritos pelo RNA Pol II, é provável que muitos mecanismos de controlo epigenético conhecidos por regularem a expressão de genes que codificam proteínas transcritas pelo RNA Pol II também se apliquem aos genes miRNA. Por exemplo, no cancro da bexiga, a expressão do miR-127 é fortemente reduzida devido à hipermetilação do promotor **(Saito et al., 2006).** Vários outros loci de miRNA, como o miR-9-1,

-193a, -137, -342, -203 e -34b/c, também estão hipermetilados em muitos cancros humanos, tal como os loci de genes supressores de tumores conhecidos (**Lujambio e Esteller 2009**). Os promotores de miRNA são também regulados por modificações das histonas durante o desenvolvimento e a patogénese. Por exemplo, a baixa expressão do miR-1 em células de cancro do pulmão pode ser restaurada pelo tratamento com inibidores da histona desacetilase (HDAC), sugerindo que o promotor do miR-1 pode estar aberrantemente acetilado nos tumores. A restauração da expressão do miR-1 reduziu o crescimento celular, a motilidade e a formação de tumores *in vivo*. Os inibidores da HDAC também podem promover a regulação negativa de determinados miRNAs. Por exemplo, na linha celular de cancro da mama SKBr3, 32 miRNAs são significativamente regulados para baixo após o tratamento com inibidores da HDAC. 81 Além disso, o miR-27 a foi fortemente reprimido pelos inibidores da HDAC e verificou-se que tinha como alvo genes que anteriormente se demonstrou serem regulados positivamente pelo tratamento com HD AC. 81 Por conseguinte, as alterações da expressão genética anteriormente associadas à atividade da HDAC podem dever-se, em parte, à alteração da expressão do miRNA.

Defeitos na maquinaria de biogénese do mRNA

Como descrito acima, a biogénese do miRNA é controlada de forma elaborada por várias enzimas e proteínas reguladoras, como a Drosha, a Dicer, a DGCR8, as proteínas Argonaute e a exprotina 5, permitindo a maturação correcta dos miRNAs a partir dos precursores primários de miRNA. Consequentemente, a mutação ou expressão aberrante de um dos componentes da maquinaria de biogénese do miRNA pode levar a uma expressão anormal do miRNA. A Drosha e a Dicer são duas endonucleases RNase III fundamentais na maturação do miRNA, responsáveis pela formação do pré-miRNA e do miRNA duplex. Investigações recentes mostraram que estas duas enzimas estão desreguladas em certos tumores. Thomson et al. descobriram que uma grande proporção de miRNAs é regulada na fase de processamento da Drosha e que esta regulação tem um impacto importante na expressão do miRNA durante o desenvolvimento embrionário e no cancro **(Thomson et al., 2006)**. Walz et al. relataram que DGCR8 e Drosha têm mutações de substituição/deleção de nucleotídeo único em 15% de 534 tumores de Wilms, levando a uma diminuição significativa na expressão da família Let-7a madura e miR-200 **(Walz et al., 2015)**. Relativamente à desregulação de Dicer, observou-se que a deficiência de Dicerl em células de cancro colorrectal (CRC) induz a aquisição de uma maior capacidade de iniciação tumoral e metástase **(Iliou et al., 2014).** Além disso, níveis elevados de ARNm de Dicer e Drosha no cancro do ovário estão associados a um aumento da sobrevivência média **(Merritt et al., 2008) e**, inversamente, a diminuição da expressão de Dicer está significativamente correlacionada com a redução da sobrevivência dos doentes **(Pampalakis et al., 2010).** A correlação positiva entre níveis mais baixos de ARNm de Dicer e uma expressão reduzida de let-7 com uma sobrevivência pós-operatória desfavorável foi também encontrada por Karube et al. em doentes com cancro do pulmão. As proteínas Argonaut são componentes catalíticos essenciais da RISC e desempenham um papel central nos processos de silenciamento do ARN **(Karube et al., 2005).** Tal como Dicer e Drosha, a desregulação das proteínas Argonautas também ocorre no cancro. Por exemplo, o gene humano EIF2C1/hAgol perde-se frequentemente nos tumores renais de Wilms **(Dome e Coppes 2002).** A expressão das proteínas argonautas humanas (AGO) é regulada de forma específica para cada célula. Por exemplo, os níveis de expressão de AGO2 no cancro gástrico primário e nas correspondentes metástases de gânglios linfáticos são significativamente mais elevados do que nos controlos saudáveis **(Zhang et al., 2013),** ao passo que a expressão de AGO2 é mais baixa, em consonância com uma eficiência reduzida de RNAi, no melanoma em comparação com os melanócitos primários **(Voller et al., 2013)**.

A exportina 5 (XPO5) é uma proteína de ligação ao ARN de cadeia dupla que medeia a exportação nuclear de pré ARNm para o citoplasma. Melo et al. verificaram que o gene XPO5 apresentava mutações inactivadoras num subconjunto de tumores humanos com instabilidade de microssatélites. Nas células HCT-15 e DLD-1 do CRC, a inserção de um "A" no exão 32 gera um códão de terminação prematuro, resultando numa mutação de frameshift e na produção de uma versão truncada da proteína. Esta versão truncada da XPO5 perde a função de exportação dos pré-miRNAs. Por conseguinte, os pré-miRNAs ficam retidos no núcleo, o que leva a uma redução do processamento do miRNA. Mais importante ainda, a restauração das funções de XPO5 reverte o comprometimento da exportação de pré-miRNA e exibe características supressoras de tumores **(Melo et al., 2010)**. No carcinoma hepatocelular, também observámos a incapacidade da XPO5 de transportar pré-miRNAs do núcleo para o citoplasma, o que foi causado pela fosforilação da XPO5 pela quinase ERK.

Expressão alterada de miRNAs em tumores

Hanahan e Weinberg propuseram que as características do cancro humano incluem seis capacidades biológicas adquiridas durante o desenvolvimento do tumor, incluindo a manutenção da sinalização proliferativa, a prevenção dos supressores de crescimento, a resistência à morte celular, a imortalidade replicativa, a ativação da invasão e das metástases e a indução da angiogénese. Dada a expressão anormal de miRNAs nos tumores, pensa-se que os miRNAs desregulados podem afetar uma ou mais das características do cancro para a iniciação e progressão do tumor. Dependendo dos seus genes-alvo, os miRNAs podem atuar como oncogenes ou supressores de tumores em determinadas circunstâncias **(Hanahan e Weinber 2011)**.

Evitar os supressores de crescimento e manter a sinalização proliferativa A proliferação celular é a caraterística mais importante do cancro e a sua anomalia é a principal causa da tumorigénese. Em pormenor, a progressão do ciclo celular é controlada por programas intracelulares e moléculas de sinalização extracelular para alcançar um equilíbrio entre a promoção da proliferação celular e a sua supressão. As células tornam-se cancerosas quando o crescimento ou a divisão celular não são controlados. Ao longo dos anos de estudo, tornou-se claro que certos miRNAs estão funcionalmente integrados em múltiplas vias críticas de proliferação celular e que a desregulação destes miRNAs é responsável por contornar os supressores de crescimento e manter a sinalização proliferativa nas células cancerígenas. As proteínas E2F, uma família de factores de transcrição, são reguladores essenciais do ciclo celular da proliferação celular. Uma série de estudos demonstrou que os miRNAs estão envolvidos na regulação da expressão de E2F. O membro do E2F E2F1 induz a transcrição de genes alvo durante a transição G1 para S e é definido como um supressor de tumores porque os ratinhos deficientes em E2F1 desenvolvem uma grande variedade de cancros. O'Donnell et al. demonstraram que o miR-17-92 inibe a tradução de E2F1 após ativação por c-Myc. Uma vez que c-Myc também induz diretamente a expressão de E2F1, o cluster miR-17-92 pode atuar como um travão neste potencial ciclo de feedback positivo para garantir que os níveis de proteína E2F1 não aumentam precipitadamente em resposta à ativação de c-Myc **(O'Donnell et al.,2005)**. Verificou-se também que o cluster miR-17-92 regula a tradução de E2F2 e E2F3 (**Sylvestre et al., 2007)** e que os factores de transcrição E2F podem, por sua vez, induzir a expressão do cluster miR-17-92 **(Woods et al., 2007)**. Por conseguinte, o sistema de feedback entre o cluster miR-17-92 e o E2F fornece um mecanismo para manter a progressão do ciclo celular suave em condições normais. No entanto, a sobreexpressão do miR-17-92, que é comum em muitos tumores, interrompe o ciclo de feedback e promove a proliferação celular (**He et al., 2005**). A progressão do ciclo celular depende de várias ciclinas, cinases dependentes de ciclinas (Cdks) e dos seus inibidores, que são largamente regulados por miRNAs. Hatfield et al. demonstraram pela primeira vez que as células estaminais germinativas de Drosophila com Dicer-1 inactivado estão bloqueadas na transição G1/S, sugerindo que os miRNAs são necessários para que as células estaminais germinativas passem o ponto de verificação G1/S normal. Além disso, as células estaminais germinativas deficientes em Dicer apresentam um aumento da expressão de Dacapo, um membro da família de inibidores de Cdk p21/p27, o que implica que esta proteína é regulada negativamente por miRNAs para promover a progressão do ciclo celular **(Hatfield et al., 2005)**. De facto, foi identificado que os miR-221/222 têm como alvo direto o inibidor da Cdk p27Kip1 em células de glioblastoma **(Gillies e Lorimer, 2007)**, o que foi confirmado noutras linhas celulares de cancro e em amostras de tumores primários **(Galardi et al., 2007)**. A expressão ectópica de miR-221/222 acelera a proliferação celular, enquanto a sua supressão induz a paragem do ciclo celular G1 nas células cancerosas. Além disso, foi demonstrado que a expressão de miR-221/222 está aumentada em vários tumores humanos, demonstrando que a regulação de p27Kip1 por miR-221/222 é uma verdadeira via oncogénica. Tal como a p27Kip1, a p21CIP1 e a p16INK4a também são reguladas por miRNAs como o miR-663, a família miR-302 e o miR-24 **(Dolezalova et al., 2012)**. Verificou-se que o miR-663 estava sobre-regulado no carcinoma nasofaríngeo e actuava como um oncogene, promovendo a transição celular G1/S in vitro e in vivo, visando diretamente a p21CIP1. Por conseguinte, o eixo miR-663/p21CIP1 clarifica o mecanismo molecular da proliferação celular do carcinoma nasofaríngeo **(Yi et al., 2012)**. Para além de afectarem a expressão dos inibidores de Cdk, os miRNAs são também reguladores da expressão de Cdk e de ciclinas. Por exemplo, o miRNA-545 conduz à paragem do ciclo celular em células de cancro do pulmão, reprimindo a expressão da ciclina D1 e da CDK4 **(Du et al., 2014)**. Os mRNAs participam na proliferação celular, não só através da seleção de componentes do ciclo celular, mas também através da regulação geral de múltiplas vias de sinalização. Por exemplo, verificou-se que o miR-486, que se encontra altamente desregulado no cancro do pulmão de células não pequenas, afecta a proliferação e a migração celular através das vias de sinalização do recetor de crescimento da insulina (IGF) e da PI3K, visando o IGF1, o IGF1R e a p85a (**Peng et al., 2013**).

miRNA e cancro

Pensa-se que os miRNAs influenciam a fisiopatologia de todos os tipos de cancro humano. A expressão aberrante de transcritos de miRNA maduros e/ou precursores foi caracterizada em vários tecidos tumorais diferentes, em comparação com os tecidos normais correspondentes **(Ferdin et al., 2010)**. Os estudos também demonstram que existem perfis de expressão de miRNA distintos associados a tipos de tumores específicos, como demonstrado por um estudo recente que utilizou a análise do perfil de miRNA para determinar a identificação de cancros em que o tecido primário de origem é desconhecido **(Ferracin et al., 20110)**. Além disso, os miRNAs têm sido associados à tumorigénese por funcionarem como supressores de tumores ou oncogenes, sendo os exemplos arquetípicos o lethal-7 (let-7) e o mir-21, respetivamente **(Kent e Mendell 2006)**. Ao fazê-lo, foi demonstrado que os miRNAs afectam as características do cancro, incluindo o apoio à sinalização proliferativa, a evasão dos supressores de crescimento, a resistência à morte celular, a imortalidade replicativa, a indução da angiogénese e a ativação da invasão e das metástases, como mostra a figura seguinte **(Hanahan e Weinberg 2011)**. Por conseguinte, as perturbações na expressão e na função dos miRNA parecem contribuir para a iniciação, a manutenção e a progressão dos tumores, bem como para a invasão, a metástase e até a aquisição de resistência aos medicamentos no cancro **(Gandellini et al., 2011).**

A LLC foi o primeiro cancro humano em que foi descrito o envolvimento de miRNAs **(Calin et al., 2002).** Em 2002, descobriu-se que a deleção cromossómica (13q14.3) associada à LLC englobava dois miRNAs, miR-15a e miR16-1 **(Calin et al., 2002).** Utilizando uma análise pormenorizada da delecção e da expressão, estes investigadores demonstraram que os miR-15a e miR-16 estavam deletados ou com regulação negativa em aproximadamente 68% dos casos de LLC. Outros estudos demonstraram que estes miRNAs regulam negativamente a Bcl2, uma proteína que inibe a apoptose, a nível pós-transcricional **(Cimmino et al., 2005)**. A transfecção do cluster miR-15a/miR-16-1 numa linha celular megacariocítica foi suficiente para diminuir os níveis da proteína Bcl2 e ativar a apoptose **(Cimmino et al., 2005)**, confirmando a importância da atividade dos miR-15a e miR-16 na proteção contra a carcinogénese.

Estão a ser utilizadas abordagens genómicas, moleculares e funcionais para determinar as causas da desregulação do miRNA no cancro. Por exemplo, os primeiros relatórios sugeriam que mais de metade dos miRNA humanos conhecidos estavam localizados em locais frágeis, bem como em locais de perda de heterozigotia, amplificação e regiões de pontos de quebra comuns, que são regiões genómicas propensas a alterações nas células cancerígenas **(Calin et al., 2004).** Outros investigadores, utilizando uma abordagem de hibridação genómica comparativa de alta resolução baseada em matrizes, descobriram que uma grande proporção de loci genómicos que contêm genes de miRNA apresentam alterações do número de cópias de ADN no cancro da mama, no cancro do ovário e no melanoma, o que sugere que as alterações genómicas contribuem provavelmente para a alteração da expressão de miRNA nas células cancerosas **(Zhang et al., 2006).** Assim, as perturbações na expressão do miRNA que resultam em regulação positiva podem ser consequência da amplificação ou translocação de genes ou de uma regulação anormal, ao passo que a perda de função e a regulação negativa de um miRNA podem dever-se a uma deleção genómica, mutação, silenciamento epigenético, regulação anormal e/ou alterações no processamento do miRNA (**Ferdin et al., 2010**). Além disso, os defeitos SNP ou do número de cópias no miRNA da linha germinativa, no seu precursor ou no seu mRNA alvo podem ter efeitos prejudiciais na função celular e contribuir para o risco de cancro **(Slaby et al., 2011).** Desde as primeiras observações de miRNAs aberrantes no cancro, tem havido uma explosão de investigação para compreender a biologia de vários miRNAs em diferentes cancros. A título de exemplo, destaca-se brevemente o papel da família let-7 de miRNAs no cancro. A diminuição da expressão do miRNA let-7 está associada a um aumento da tumorigénese, ao passo que a sobreexpressão experimental de let-7 demonstrou inibir o crescimento de células tumorais em cultura e de tumores em modelos animais **(Barh et al., 2010)**. Esta atividade pode estar ligada à capacidade do let-7 de regular ativamente a diferenciação das células estaminais cancerígenas.

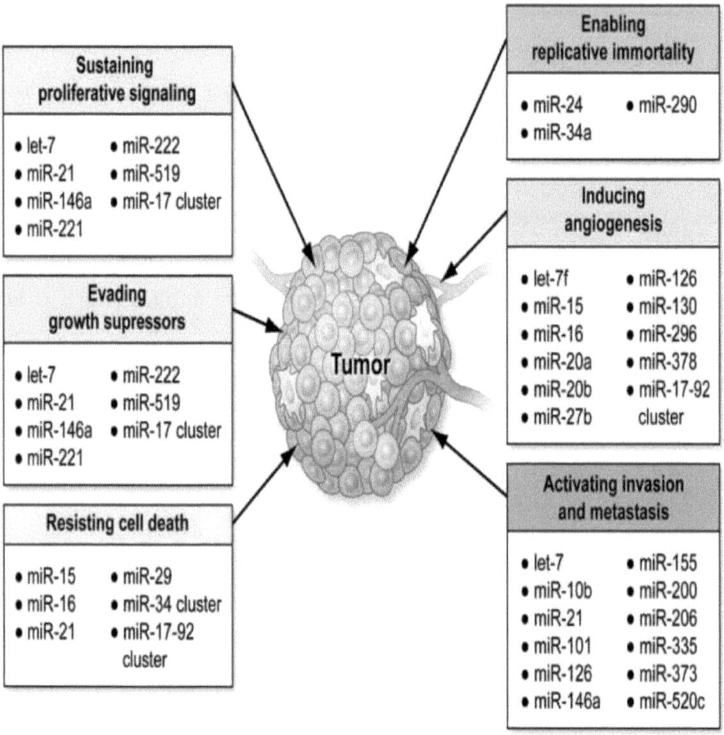

A expressão aberrante dos miRNAs afecta as vias de sinalização e promove a tumorigénese. São apresentados miRNAs representativos que demonstraram atuar como oncogenes ou genes supressores de tumores para afetar as 6 características comuns do cancro. miRNA, microRNA.

Embora a família let-7 esteja desregulada no cancro do pulmão **(Takamizawa et al., 2004)**, um membro desta família, let-7a-3, apresenta uma expressão aumentada em células epiteliais de adenocarcinoma do pulmão humano **(Brueckner et al., 2007)**. Verificou-se que a hipometilação do gene let-7a-3 facilitava a reativação epigenética do gene e aumentava a expressão de let-7a-3 nestas células. Outros estudos revelaram que o gene let-7a-3 estava altamente metilado em tecidos humanos normais, mas hipometilado em determinados adenocarcinomas do pulmão. Estes resultados identificam o let-7a-3 como um gene regulado epigeneticamente que funciona como um miRNA com atividade oncogénica. É também um exemplo de como os miRNAs da mesma família podem ter papéis bivalentes no cancro. Noutro relatório, os investigadores realizaram um rastreio de microarray de expressão de miRNA utilizando RNA de tecidos mamários fixados em formalina e incluídos em parafina, incluindo carcinoma ductal benigno in situ e carcinoma ductal invasivo **(Zhao et al., 2011)**. Dos 25 miRNAs diferencialmente expressos identificados, os miRNAs da família let-7 foram regulados negativamente em tecidos de cancro da mama humano nos estádios de carcinoma ductal in situ e carcinoma ductal invasivo em comparação com o estádio benigno. Foi também observada uma correlação inversa entre a expressão de ERa e vários membros da família let-7 nos tecidos. A análise bioinformática revelou que as sequências do miRNA let-7 correspondiam a sequências nas regiões 39-untranslated do ERa, sugerindo que o ERa pode ser um alvo do let-7. A confirmação desta atividade através da sobreexpressão do miRNA let-7 em células de cancro da mama MCF-7 positivas para o ER teve um efeito negativo na atividade do ERa, inibiu a proliferação celular e desencadeou a apoptose. Estes resultados indicam um novo mecanismo de regulação do miRNA let-7 no crescimento celular do cancro da mama maligno mediado pelo ERa. Estudos observacionais envolvendo coortes de diabéticos e doentes com cancro mostraram que os utilizadores de metformina têm um risco menor de cancro do que os doentes que tomam outros medicamentos para a diabetes.

Além disso, estudos em modelos de tumores animais e linhas celulares de cancro demonstraram que a metformina impede o desenvolvimento de tumores ou inibe a proliferação celular **(Li, 2011)**. Um estudo recente e intrigante examinou a capacidade da metformina para modular a expressão de miRNA em células de cancro da mama MCF-7 (**Oliveras-Ferraros et al., 2011)**. Os perfis de expressão de 88 sequências de miRNA relacionadas com o cancro antes e depois do tratamento das células MCF-7 com metformina foram analisados quantitativamente por RT-PCR. Foi observado um aumento de 18 vezes na expressão do miRNA let-7a em comparação com as células de controlo não tratadas, o que implica que o miRNA let-7a é um novo gene alvo da metformina. Estas observações poderiam explicar por que razão a utilização de metformina foi associada a um risco reduzido de cancro da mama. Curiosamente, vários miRNAs associados à obesidade e à diabetes também foram implicados na carcinogénese. Níveis mais baixos de adiponectina e níveis mais elevados de leptina contribuem para o desenvolvimento da resistência à insulina, observada na obesidade e na diabetes. Este distúrbio metabólico está associado à expressão aberrante de miRNAs, como let7, miR-27 e miR-143, miRNAs que também estão desregulados durante a carcinogénese e que poderiam fornecer uma ligação mecanicista entre a obesidade, a diabetes e o cancro (**Bao et al., 2011**). Assim, a expressão aberrante de miRNA poderia fornecer novos alvos moleculares para várias modalidades de prevenção do cancro (ou seja, metformina, nutrição), bem como conhecimentos mecanicistas sobre a relação entre energia celular, dieta e prevenção do cancro. A expressão aberrante e/ou a desregulação dos miRNAs foram caracterizadas durante as fases iniciais do desenvolvimento tumoral, pelo que se pensa que são potenciais alvos moleculares para a prevenção do cancro, bem como biomarcadores de cancro

em fase inicial **(Di Leva e Croce 2010)**. Outro estudo mostrou que os doentes com carcinoma do pulmão de células não pequenas em fase inicial numa população assintomática de alto risco foram identificados com 80% de precisão utilizando um painel de ARNm.
34 assinatura de miRNA no soro **(Bianchi et al., 2011)**. A assinatura de miRNA tem sido utilizada para determinar com precisão a probabilidade de doença em doentes assintomáticos ou sintomáticos, para distinguir lesões benignas de lesões malignas e para captar o desenvolvimento de doença maligna em doentes individuais ao longo do tempo. Em termos de utilidade para compreender a suscetibilidade, os estudos de caso-controlo forneceram provas de uma associação entre os SNP de miRNA e os SNP nos locais de ligação de miRNA e o risco de cancro. Por exemplo, foi estudada a associação entre o polimorfismo hsa-miR-196a2 rs11614913 e o risco de cancro, mas os resultados foram inconclusivos. Uma meta-análise recente de 15 estudos que envolveram 9341 casos de cancro e 10 569 controlos sem casos concluiu que o polimorfismo hsa-miR-196a2 rs11614913 T > C estava associado a um aumento significativo do risco de cancro no heterozigoto TC [OR = 1.16 (IC 95% = 1,02-1,32)], homozigoto CC [OR = 1,22 (IC 95% = 1,04-1,44)] e genótipo TC/CC [OR = 1,18 (IC 95% = 1,03-1,34)] em comparação com o homozigoto TTwild **(Chu et al..., 2011).** Assim, há cada vez mais provas que sugerem que os miRNAs estão envolvidos no risco e na prevenção do cancro.

O perfil global dos miRNAs no cancro conduziu a importantes resultados de investigação. Em particular, a caraterização de amostras de tumores humanos fixadas em formalina e incluídas em parafina (FFPE), que se correlacionam com pormenores clínicos, melhorou consideravelmente a nossa compreensão dos miRNAs nesta doença.

Cancro da mama

O cancro da mama é o segundo cancro mais frequentemente diagnosticado e a quinta principal causa de morte por cancro em todo o mundo (**Ferlay et al., 2013**). A desregulação dos mRNAs foi identificada como um fenómeno frequente no cancro da mama. Foram propostos quatro mecanismos principais de desregulação, incluindo a modificação epigenética, a alteração genética, as alterações na biogénese dos miRNA e a repressão transcricional **(Bertoli et al., 2015)**. Antes de 2008, a maioria dos estudos de perfil de miRNA no cancro utilizava tecido congelado; no entanto, a fixação em formalina é uma prática comum para a preservação de amostras. Por este motivo, Hui et al **(Hui et al., 2009)** examinaram a viabilidade da análise de miRNA em tecido FFPE. Traçaram o perfil da expressão de miRNAs em 40 amostras de lumpectomia mamária FFPE arquivadas, utilizando Taqman Low-Density Arrays (TLDA). A expressão de 365 miRNAs em 34 cancros ductais invasivos e 6 tecidos mamários epiteliais normais de mamoplastia de redução foi avaliada e confirmada utilizando o padrão de ouro qRT-PCR de poço único. Os resultados de ambos os métodos estavam altamente correlacionados e confirmaram a desregulação dos miR-21, miR-155, miR-191, miR-196a, miR-125b e miR-221. Por conseguinte, este estudo apoiou o estabelecimento de perfis de ARNm em tecidos FFPE. Os ensaios clínicos constituem uma fonte rica de tecidos tumorais FFPE de arquivo, uniformemente colhidos e processados para avaliação, e são ideais para a prossecução de objectivos de investigação primários ou secundários que envolvam a determinação de perfis de ARNm **(Shi et al., 2011)**. Por exemplo, 71 blocos de FFPE de participantes num ensaio clínico de fase III que comparava o tamoxifeno isolado com o tamoxifeno mais radioterapia mamária em mulheres com cancro da mama nódulo-negativo **(Fyles et al., 2004)** foram utilizados como coorte para um estudo subsequente de miRNA realizado por Shi et al. em 2011. Utilizando um perfil global de miRNA por qRT-PCR, identificaram uma expressão 6,7 vezes mais elevada de miR-301 em tumores do que em tecido mamário normal. A sobreexpressão deste miRNA também foi associada a um aumento da incidência de recidiva linfonodal e à distância **(Fyles et al., 2004)**.

Cancro do colo do útero

O cancro do colo do útero é o quarto cancro mais comum nas mulheres e é responsável por 7,5% de todas as mortes por cancro nas mulheres (**Ferlay et al., 2013**). A identificação de biomarcadores prognósticos e preditivos é um objetivo importante da investigação de miRNA em cancros do colo do útero; no entanto, os tecidos do colo do útero têm apresentado vários desafios na caraterização de miRNA. Em 2010, Pereira et al. estudaram a expressão de miRNA no tecido cervical humano utilizando uma plataforma de microarray de 381 sondas num conjunto misto de 19 tecidos cervicais normais, 14 pré-cancerosos e quatro cancerosos de 25 pacientes **(Pereira et al., 2010)**. No seu estudo, verificaram uma elevada variabilidade da expressão de miRNA em amostras normais. Confirmou-se que esta variabilidade não era técnica e estava relacionada com diferenças biológicas entre as pacientes, tais como o estado do papilomavírus humano (HPV) e a idade. Este estudo realçou a importância de ter em conta as variações entre pacientes que podem influenciar os perfis de expressão de miRNA, incluindo a variação genética natural, a idade, as infecções virais e as doenças não neoplásicas, ao interpretar os resultados da análise de perfis de miRNA em tecidos cervicais **(Pereira et al., 2010)**.

Um estudo subsequente sobre cancros do colo do útero destacou outros aspectos a considerar nas análises de miRNA. Em 2015, How et al. descreveram a sua investigação sobre o desenvolvimento de uma assinatura de nove miRNA para cancros do colo do útero (**How et al., 2015**). Formularam uma assinatura de prognóstico candidata para a sobrevivência sem doença (DFS), que incluía miRNAs bem caracterizados envolvidos na neoplasia, com base numa coorte de treino de tecido congelado. No entanto, foi difícil validar esta assinatura numa coorte independente de amostras de tecido FFPE. Os autores identificaram várias razões que contribuíram para esta dificuldade, incluindo a heterogeneidade intratumoral, a baixa correlação entre miRNAs em amostras congeladas e FFPE e a baixa fiabilidade das plataformas de criação de perfis. Apesar das dificuldades associadas à criação de perfis em tecido cervical, também foram registados resultados positivos na literatura. Por exemplo, com base no perfil global de miRNA de 79 biópsias frescas congeladas de cancro do colo do útero e 11 amostras normais, Kogo et al. identificaram uma diferença na expressão de miR-218 entre o tecido epitelial cervical maligno e o tecido cervical normal **(Kogo et al., 2015).** A regulação negativa do miR-218 foi um fator de prognóstico para a redução da SLD, da sobrevivência global e da recorrência de nódulos linfáticos. Uma investigação mais aprofundada sobre a biologia do miR-218 identificou que este tem como alvo o eixo survivin para modular a proliferação, migração e invasão do cancro. Neste processo, o YM155 foi identificado como um promissor inibidor de pequenas moléculas da survivina, que poderia reduzir a metástase dos gânglios linfáticos em modelos de xenoenxertos de cancro do colo do útero **(Kogo et al., 2015).**

Sarcoma

Os sarcomas são um grupo heterogéneo de tumores raros que apresentam desafios em termos de diagnóstico e prognóstico. A sobrevivência global aos 5 anos é de aproximadamente 60-80%, sendo as metástases à distância a principal causa de mortalidade **(Mendenhall et al., 2009).** Foi demonstrado que o tamanho e o grau do tumor têm importância prognóstica, mas a variabilidade dos resultados clínicos sugere a necessidade de biomarcadores mais robustos. Poucas assinaturas de prognóstico para sarcomas de tecidos moles foram validadas. Wong et al. foram os primeiros a validar uma assinatura de miRNA para a sobrevivência livre de metástases à distância

(DMFS) em sarcoma pleomórfico indiferenciado (UPS), o subtipo mais comum e agressivo de sarcoma de tecidos moles em adultos (**Wong et al., 2015**). Utilizando o TaqMan Human Micro-RNA Array-A, foram analisadas 110 amostras de UPS frescas e congeladas para identificar e validar uma assinatura de seis ARNm para DMFS. Esta assinatura, composta por miR-132, miR-138, miR-143, miR-221, miR-224 e miR-491-5p, foi independentemente prognóstica de factores clínicos conhecidos. Estudos funcionais demonstraram que estes miRNAs têm como alvo a via de adesão Rho em metástases de SPU.

Carcinoma da nasofaringe

O carcinoma nasofaríngeo (CNF) é um tumor epitelial maligno da cabeça e do pescoço que prevalece no Sudeste Asiático. Os doentes com NPC em fase inicial têm um resultado favorável quando tratados com radioterapia, com taxas de controlo local a 5 anos superiores a 90% **(Lee et al., 2012).** Contudo, a doença em estádio avançado (estádio III-IVB) tem uma taxa de sobrevivência global a 5 anos inferior, de apenas ~68% ou menos **(Lee et al., 2012).** Para além disso, a diabetes continua a ocorrer e é o principal contribuinte para a mortalidade nesta população. Por conseguinte, são claramente necessários melhores marcadores de prognóstico associados à DM. Bruce et al. traçaram o perfil de 734 miRNAs num conjunto de treino de 125 amostras de biópsias FFPE de NPC **(Bruce et al., 2015)**, e uma assinatura de expressão de quatro miRNAs para a DM foi validada numa coorte independente de 121 biópsias FFPE. Esta assinatura demonstrou valor prognóstico para além do estadiamento de metástases nos gânglios linfáticos, a base da classificação clínica no CNF. Além disso, observou-se que esta assinatura de quatro miRNAs tinha um potencial valor preditivo na identificação de um grupo de baixo risco de doentes com CNF localmente avançado que poderiam ser tratados apenas com radioterapia, evitando assim a toxicidade adicional da quimioterapia. Outras assinaturas compostas por diferentes conjuntos de miRNAs também foram registadas para o CNF, incluindo uma assinatura de cinco miRNA por Liu et al. em 2012. Bruce et al. tentaram comparar a assinatura de quatro miRNA com a assinatura de cinco miRNA para determinar se era possível estabelecer uma superioridade; no entanto, devido a diferenças nas plataformas técnicas, na população de doentes e na disponibilidade de dados clínicos, não foi possível tirar conclusões definitivas **(Bruce et al., 2015)**. Com um número crescente de assinaturas de miRNA registadas na literatura, a definição de prioridades quanto às assinaturas de miRNA a traduzir para utilização clínica pode tornar-se problemática sem a capacidade de comparar assinaturas derivadas de diferentes metodologias. No entanto, para a maioria dos cancros, as assinaturas de miRNA estão longe de ser adoptadas para utilização clínica de rotina. Nos próximos anos, a tónica terá de ser colocada na facilitação da tradução destas descobertas de ARNm para o ambiente clínico. Provavelmente, serão necessárias várias etapas.

Tal como descrito na presente análise, as metodologias de criação de perfis variáveis criaram desafios na interpretação dos dados e na comparação dos resultados entre estudos. Por conseguinte, é necessário otimizar cuidadosamente o fluxo de trabalho de criação de perfis de miRNA, em particular através da adoção de protocolos normalizados (por exemplo, preparação uniforme de amostras, quantificação, normalização e análise). Além disso, será necessária a validação de assinaturas candidatas de diagnóstico, prognóstico e previsão em grandes coortes de doentes para confirmar o significado clínico dos resultados.

Cancro da próstata

O perfil de expressão dos miRNAs representa uma abordagem promissora para melhorar o diagnóstico e o prognóstico do cancro da próstata. Em 2008, Ambs e colegas realizaram uma análise do perfil genómico dos miRNAs em

60 amostras de tecido tumoral e 16 controlos e descobriram que os miR-32, miR-182, miR-31 e miR-26a eram os miRNAs tumorais mais sobreexpressos **(Ambset al., 2008)**. Este facto sugere o envolvimento destes miRNAs na progressão do tumor. Estudos mais recentes demonstraram o papel oncogénico de outros miRNAs, como o miR-181a e o miR-196a **(Huang et al., 2014)**, na regulação da sinalização envolvida no cancro da próstata **(Lee et al., 2015).** Em contrapartida, a capacidade dos miRNAs para suprimir os tumores também foi bem documentada no cancro da próstata **(Sun et al., 2011).** Por exemplo, num estudo realizado por Schaefer et al., a avaliação da expressão de miRNA em 76 tecidos de tumores da próstata revelou 15 miRNAs regulados diferencialmente, dos quais 10 foram regulados negativamente e 5 foram regulados positivamente, sugerindo o papel supressor dos miRNAs subexpressos **(Schaefer et al., 2010)**. Martens-Uzunova et al. analisaram 102 tecidos derivados de pacientes e utilizaram os 513 miRNAs significativamente expressos para desenvolver um classificador de miRNA constituído por 54 miRNAs capazes de separar os tecidos de cancro da próstata dos tecidos normais adjacentes **(Martens-Uzunova et al., 2012)**. O sistema de classificação de miRNA foi então validado no conjunto de dados relatado por Schaefer et al., 2010, e foi obtida uma sensibilidade de 1 e uma especificidade de 0,67 **(Martens-Uzunova et al., 2012)**. Noutro estudo, Larne et al. seleccionaram racionalmente 13 miRNAs com base no seu potencial de biomarcador no estudo anterior de rastreio de miRNA realizado por Martens-Uzunova et al. (2012) e validaram 7 miRNAs expressos diferencialmente, incluindo o miR- 96-5p e o miR-183-5p regulados positivamente e o miR-145-5p e o miR-221-5p regulados negativamente, em amostras de tumores de 49 doentes e 25 controlos. Estes miRNAs foram combinados para gerar um índice de miRNA capaz de determinar o estado patológico dos pacientes com cancro da próstata **(Larne et al., 2013).** Noutro estudo, o miR-182 e o miR-187 foram identificados como os miRNAs mais diferencialmente expressos

entre 50 tecidos tumorais e 10 tecidos normais. O potencial preditivo do miR-182 e do miR-187 foi avaliado através da combinação da sua elevada expressão com a pontuação de Gleason e o PSA para melhorar a capacidade de diagnóstico e prognóstico dos biomarcadores de miRNA, resultando numa sensibilidade de 88,6% e numa especificidade de 50% (**Casanova-Salas et al., 2014**). Além disso, Gu et al. utilizaram uma abordagem integrada de várias etapas para obter informações sobre miRNAs como biomarcadores de cancro a partir de conjuntos de dados publicamente disponíveis. Os resultados revelaram que o miR-182, o miR-200c e o miR-221 estão associados ao estado da doença, com o miR-182 (tal como anteriormente referido) e o miR-200c regulados positivamente e o miR-221 regulado negativamente no cancro da próstata (**Gu et al., 2015**).

A previsão do prognóstico dos doentes é um aspeto importante do tratamento clínico do cancro da próstata. Por este motivo, foram realizados vários estudos para estabelecer perfis de expressão de miRNA distintos, a fim de separar os doentes de acordo com o seu risco de desenvolver cancro da próstata agressivo. Vários estudos de perfis de expressão de miRNA específicos dos tecidos no cancro da próstata identificaram diferenças na expressão de miRNA na hiperplasia benigna da próstata (HBP), no cancro da próstata localizado e no cancro da próstata metastático. Por exemplo, Lichner et al. observaram uma regulação negativa dos miRNAs (miR-29c, miR-34a e miR-141) em graus de Gleason mais elevados (grau 5) em comparação com graus mais baixos (grau 3) (**Lichner et al., 2015**). Noutro estudo, identificaram níveis mais baixos de miR-331-3p e miR-152 em doentes com elevado risco de recorrência bioquímica (BCR) **(Lichner et al., 2015).** Sun e colegas observaram uma elevada expressão de miR-221 e miR-222 em tecidos de cancro da próstata resistente à castração (CRPC) e referiram que o miR-221 estimula a sobreexpressão de genes envolvidos na metástase tumoral **(Sun et al., 2014)**. Mais recentemente, o cluster miR-221/222 foi descrito como um supressor de tumores, cuja regulação negativa conduziu ao CRPC. No entanto, esta descoberta é inconsistente com o que foi relatado por Sun e colegas **(Sun et al., 2014)**.

Entre os muitos estudos realizados até à data, os miRNAs parecem estar sistematicamente desregulados no cancro da próstata. Embora estes resultados preliminares sugiram o potencial de diagnóstico e prognóstico destes miRNAs tecidulares no cancro da próstata, é necessário realizar mais estudos em grupos maiores de doentes para identificar assinaturas de miRNA reprodutíveis. Metodologias e estratégias para a identificação de miRNAs circulantes no cancro Os níveis alterados e a estabilidade dos miRNAs nos fluidos corporais tornam-nos biomarcadores ideais para uma medição minimamente invasiva. No entanto, alguns desafios técnicos e factores analíticos e pré-analíticos têm de ser resolvidos antes da sua implementação como biomarcadores (**Filella e Foj 2016**). Por exemplo, recomenda-se a avaliação da hemólise utilizando um espetrofotómetro a 540 nm, uma vez que alguns miRNAs, como o miR-16, o miR-451, o miR-92a e o miR-486-5p, são libertados pelos glóbulos vermelhos e podem afetar o nível de miRNAs circulantes libertados pelos tecidos tumorais **(Kirschner et al. 2011).** Atualmente, a qRT-PCR (PCR em tempo real) é a abordagem mais utilizada para a quantificação de miRNA.

No entanto, não existe unanimidade no que respeita à utilização de genes housekeeping para a normalização de miRNAs circulantes (**Moldovan et al., 2014),** e os miRNAs de Caenorhabditis elegans com spikes têm sido habitualmente utilizados como alternativa (**Mitchell et al., 2008**). A deteção de miRNAs também é possível através da sequenciação de nova geração (NGS), que utiliza adaptadores 3_ e 5_ que se ligam a ambas as extremidades dos miRNAs na amostra de ARN total. Os adaptadores actuam como locais de ligação para os iniciadores durante a preparação da biblioteca de ADN complementar (cDNA) e a amplificação por PCR. A sequenciação paralela de moléculas individuais de cDNA permite então determinar a ordem exacta dos nucleótidos dentro de um miRNA (**Gomes et al., 2013**).

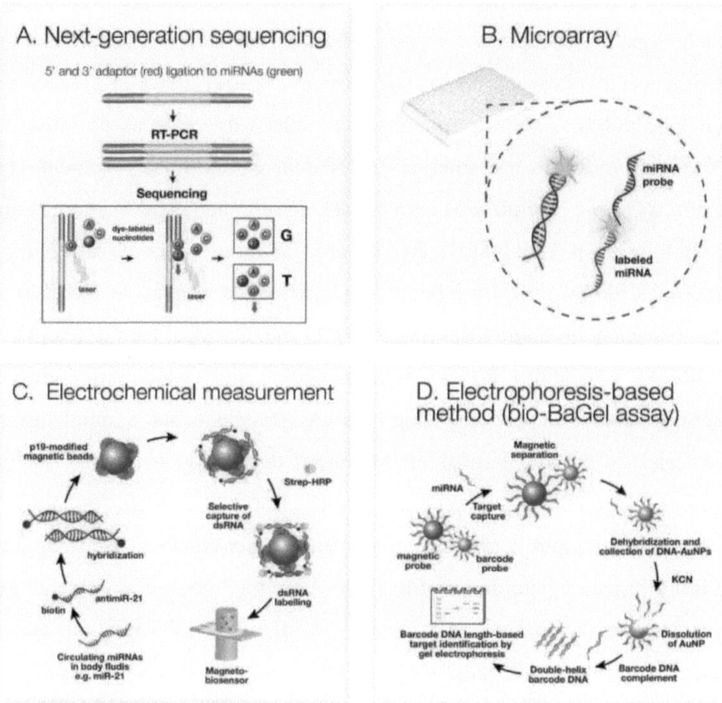

Métodos de deteção de ARNm.

(A), A sequenciação de nova geração envolve a utilização de adaptadores 3' e 5' que se ligam a ambas as extremidades dos miRNAs na amostra de ARN total. Os adaptadores actuam como locais de ligação para os iniciadores durante a preparação da biblioteca de cADN e a amplificação por PCR. Segue-se a sequenciação paralela de moléculas individuais de cADN para determinar a ordem exacta dos nucleótidos num ARNm. (B) As matrizes de miRNA permitem o rastreio das concentrações de miRNA utilizando um único chip que pode analisar centenas de sequências de miRNA em simultâneo. O ARN total extraído é primeiro tratado para marcar fluorescentemente todos os miRNAs, sendo depois utilizado para hibridação com sondas de oligonucleótidos imobilizadas num microarray, seguida da visualização dos miRNAs por leitura de fluorescência do array. (C), a medição eletroquímica baseia-se na ligação selectiva entre a proteína viral p19 e o dsRNA formado pela hibridação da sonda anti-miR-21 biotinilada com o alvo miR-21. O híbrido é marcado com o polímero Strep-HRP e sujeito a deteção eletroquímica utilizando um magneto-biosensor que detecta o miRNA no ARN total sem processamento da amostra ou amplificação por PCR. (D), o método baseado na eletroforese (bio-barcode gel ou ensaio bio-BaGel) detecta múltiplos miRNA utilizando uma plataforma de eletroforese convencional. O sinal de medição final do ensaio bio-BaGel é de obtido a partir da quantidade de ADN de código de barras (ADN artificialmente concebido para representar cada sequência-alvo de miRNA, de modo a que uma etiqueta de código de barras específica represente um produto específico na eletroforese em gel).

Embora promissora e frutuosa para a descoberta de novos miRNAs, esta tecnologia é dispendiosa e exige conhecimentos informáticos avançados. Outra técnica, baseada no rastreio dos níveis de miRNA através de um chip de miRNA, permite a análise simultânea de centenas de miRNAs. Todos os miRNAs presentes no ARN total extraído são marcados com fluorescência e hibridizados com sondas de oligonucleótidos imobilizadas num microchip. Esta hibridação é seguida de várias etapas de lavagem e a presença de um miRNA específico é visualizada através da medição da fluorescência do chip **(Li et al., 2009)**. O método ideal para a deteção de miRNAs circulantes no contexto clínico é um método com elevada sensibilidade e especificidade e que envolva pequenas quantidades de material de partida. Para o efeito, foram desenvolvidas várias técnicas novas para melhorar a captura, a amplificação e a deteção dos miRNAs alvo. Por exemplo, Campuzano e colegas desenvolveram um magneto-biosensor para a deteção do miR-21 no ARN total de células do cancro da mama. Nesta abordagem, a proteína viral p19 foi imobilizada em esferas magnéticas e utilizada para se ligar seletivamente ao dsRNA formado pela hibridação da sonda antimiR-21 biotinilada ao miR-21 alvo. O híbrido foi marcado com a proteína estreptavidina conjugada com peroxidase de rábano (polímero Strep-HRP) e submetido à deteção eletroquímica, que consiste em capturar as esferas magnéticas na superfície de um elétrodo de carbono e medir a corrente catalítica quando se adiciona H2O2 (peróxido de hidrogénio). Desta forma, utilizando uma proteína de ligação ao ARN viral, foi possível a quantificação do miR-21 sem necessidade de processamento da amostra ou amplificação por PCR (**Campuzano et al., 2014**).

Recentemente, Hu et al. utilizaram um método semelhante para a deteção do miR-155 no soro, utilizando pontos quânticos de grafeno (GQD) como uma nova plataforma para a imobilização de HRP devido à sua boa biocompatibilidade, condutividade e baixa toxicidade. O miR-155 hibridizou-se com o ADN de captura e o NH2-DNA para formar uma estrutura de dsDNA que reagiu com os GQDs com HRP ligada à superfície. Na presença de HRP, o H2O2 gerou um sinal eletroquímico aumentado para a deteção do miR-155 com um limite de deteção de 0,14 fM **(Hu et al., 2016)**. No entanto, as estratégias com leitura eletroquímica requerem a imobilização da superfície para a transdução do sinal, o que limita a flexibilidade da plataforma e aumenta a suscetibilidade à interferência dos componentes da matriz. Por este motivo, foram desenvolvidas estratégias de leitura ótica, para além de NGS e chips de ADN. Um método ótico baseado em nanopartículas denominado bioBaGel assay, desenvolvido por Nam e colegas, foi utilizado para a deteção de vários miRNAs utilizando um sistema convencional de eletroforese em gel. Neste método, foram utilizadas sondas de ADN com código de barras (ADN artificialmente modificado) combinadas com nanopartículas de ouro (AuNPs) para a deteção multiplex de vários miRNAs alvo. Cada sonda com código de barras contém duas regiões, uma para a captura do miRNA alvo e a outra para a formação de dsDNA com o complemento de DNA do código de barras. A presença de um miRNA induz a conjugação da sonda magnética e da sonda com código de barras através da captura em sanduíche do alvo, que é depois separado por um campo magnético. Seguiu-se a dissolução da AuNP e o ADN do código de barras de dupla hélice foi detectado em eletroforese em gel **(Lee et al., 2014).** Outro método ótico que utiliza AuNPs para a deteção de miRNA utilizou a ressonância plasmónica de superfície (SPR) como base para medir a adsorção de miRNAs na superfície de AuNPs. Nesta estratégia de deteção, as AuNPs ligadas ao ADN hibridizam com o ADN de captura, o que, por sua vez, desencadeia a formação de duas sondas repórteres para amplificar o sinal SPR gerado na presença do ARNm alvo. Este método tem sido utilizado para a deteção sensível de miRNAs em concentrações sub-femtomolares. Um outro biossensor baseado em SPR utilizou a amplificação do conjunto catalítico de grampos de cabelo (CHA) acoplado a aptâmeros de estreptavidina para a deteção de miRNA. A presença do miRNA alvo desencadeia a ativação alostérica do CHA, que por sua vez ativa os aptâmeros de estreptavidina. A grande quantidade de produtos AMP hibridizados com as sondas de captura no biossensor e o aumento dos aptâmeros de estreptavidina aumentaram a intensidade do sinal. Este método demonstrou uma elevada sensibilidade e especificidade e foi capaz de detetar miRNAs alvo a partir de 1 pmol/L (**Li** et al., 2015). Zhang e colegas utilizaram um biossensor de fluorescência para medir o let-7a em extractos de células. Utilizaram o sistema de amplificação enzimática mediada por catalisador-oligómero (CMEA) composto por ADN1, protetor-oligómero e catalisador-oligómero. O DNA1 começou por hibridizar com o oligómero protetor para formar um duplex que foi deslocado por let-7a para gerar um novo duplex de DNA1 e let-7. Posteriormente, o let-7a foi deslocado pelo oligómero catalisador, libertando o let-7a para se ligar a outro complexo DNA1/oligómero protetor. Como resultado, um miRNA alvo gerou numerosos duplexes de DNA1/oligómero catalisador que foram clivados por uma endonuclease, levando a um aumento da intensidade do sinal de fluorescência **(Zhang et a., 2016).** Embora estas novas estratégias tenham melhorado significativamente a especificidade e a sensibilidade da deteção de miRNAs circulantes, a baixa abundância de miRNAs no soro ou no plasma de pacientes individuais, juntamente com a homologia de sequência entre miRNAs, continua a ser uma questão não resolvida quando se aplicam estas técnicas para quantificação. Além disso, o custo da utilização destas tecnologias pode ser um fator limitativo; no entanto, o aumento da utilização e o aperfeiçoamento de novas tecnologias permitiriam aos investigadores e clínicos adotar estes métodos para traduzir os conhecimentos actuais na prática clínica.

5 Referências

Ambros, V (2004): "The functions of animal microRNAs". Nature. 431 (7006): 350-5. doi:10.1038/nature02871. PMID 15372042.

Bartel, D.P. (2004): "MicroRNAs: genomics, biogenesis, mechanism and function". Cell. 116 (2): 281-97. doi:10.1016/S0092-8674(04)00045- 5. PMID 14744438.

Mahmodul HS (2016): "MicroRNAs extracelulares/circulantes: Mecanismos de libertação, funções e desafios". Conquistas nas Ciências da Vida. 10: 175-186. doi:10.1016/j.als..11.007.

Bartel DP (2009): "MicroRNAs: reconhecimento de alvos e funções reguladoras". Cell. 136 (2): 215-33. doi:10.1016/j.cell.2009.01.002. PMC 3794896 . PMID 19167326.

Fabian MR, Sonenberg N e Filipowicz W (2010): "Regulação da tradução e da estabilidade do mRNA por microRNAs". Revisão anual de bioquímica. 79: 351-79. doi:10.1146/annurev-biochem-060308- 103103. PMID 20533884.

Bentwich I, Avniel A, Karov Y, Aharonov R, Gilad S, Barad O, Barzilai A, Einat P, Einav U, Meiri E, Sharon E, Spector Y, Bentwich Z ; Avniel ; Karov ; Aharonov ; Gilad ; Barad ; Barzilai ; Einat ; Einav ; Meiri ; Sharon ; Spector ; Bentwich (julho de 2005) : "Identification of hundreds of conserved and non-conserved human microRNAs". Nat. Genet. 37 (7): 766-70. doi:10.1038/ng1590. PMID 15965474.

Lim LP, Lau NC, Weinstein EG, Abdelhakim A, Yekta S, Rhoades MW, Burge CB, Bartel DP ; Lau ; Weinstein ; Abdelhakim ; Yekta ; Rhoades ; Burge ; Bartel (2003) : "The microRNAs of Caenorhabditis elegans". Genes Dev. 17 (8): 991-1008. doi:10.1101/gad.1074403. PMC 196042. PMID 12672692.

11 Friedman RC, Farh KK, Burge CB, Bartel DP; Farh; Burge; Bartel (2009): "Most mammalian mRNAs are conserved targets of microRNAs". Genome Res. 19 (1): 92-105. doi:10.1101/gr.082701.108. PMC 2612969 . PMID 18955434.

Lee RC, Feinbaum RL, Ambros V ; Feinbaum ; Ambros (1993) "The O gene lin-4 heterocrónico de C. elegans codifica pequenos RNAs com complementaridade anti-sentido para lin-14". Cell. 75 (5): 843-54. doi:10.1016/0092-8674(93)90529-Y. PMID 8252621.

Wightman B, Ha I et Ruvkun G (1993) : "Posttranscriptional regulation of the heterochronic gene lin-14 by lin-4 mediates temporal pattern formation in C. elegans". Cell. 75 (5) : 855-62. doi:10.1016/0092-8674(93)90530-4. PMID 8252622.

Reinhart BJ, Slack FJ, Basson M, Pasquinelli AE, Bettinger JC, Rougvie AE, Horvitz HR, Ruvkun G ; Slack ; Basson ; Pasquinelli ; Bettinger ; Rougvie ; Horvitz ; Ruvkun (2000) : "21-nucleotide let-7 RNA regulates developmental timing in Caenorhabditis elegans". Nature. 403 (6772) : 901-6. Bibcode:2000Natur.403..901R. doi:10.1038/35002607. PMID 10706289.

Pasquinelli AE, Reinhart BJ, Slack F, Martindale MQ, Kuroda MI, Mailer B, Hayward DC, Ball EE, Degnan B, Muller P, Spring J, Srinivasan A, Fishman M, Finnerty J, Corbo J, Levine M, Leahy P, Davidson E, Ruvkun G ; Reinhart; Slack; Martindale; Kuroda; Maller; Hayward; Ball; Degnan; Muller; Spring; Srinivasan; Fishman; Finnerty; Corbo; Levine; Leahy; Davidson; Ruvkun (2000): "Conservação da sequência e expressão temporal do RNA regulador heterocrónico let-7". Nature. 408 (6808) : 86-9. doi:10.1038/35040556. PMID 11081512.

Lagos-Quintana M, Rauhut R, Lendeckel W, Tuschl T; Rauhut; Lendeckel; Tuschl (2001): "Identification of new genes coding for small expressed RNAs". Science. 294 (5543) : 853-8. Bibcode:2001Sci...294..853L.doi:10.1126/science.1064921.PMID 11679 670.

Musilova K, Mraz M e Mraz (2014): 'MicroRNAs no linfoma de células B: como a biologia complexa fica mais complexa'. Leucemia. 29: 1004-17. doi:10.1038/leu.2014.351. PMID 25541152.

Ambros V, Bartel B, Bartel DP, Burge CB, Carrington JC, Chen X, Dreyfuss G, Eddy SR, Griffiths-Jones S, Marshall M, Matzke M, Ruvkun G, Tuschl T; Bartel; Bartel; Burge; Carrington; Chen; Dreyfuss; Eddy; Griffiths-Jones; Marshall; Matzke; Ruvkun; Tuschl (2003): "A uniform system for microRNA annotation". RNA. 9 (3): 277-9.doi:10.1261/rna.2183803. PMC 1370393. PMID 12592000.

Griffiths-Jones S, Grocock RJ, van Dongen S, Bateman A, Enright AJ ; Grocock ; Van Dongen ; Bateman ; Enright (janeiro de 2006) :

"miRBase: sequências de microRNA, alvos e nomenclatura de genes". Nucleic Acids Res. 34 (Edição da base de dados) : D140-4. doi:10.1093/nar/gkj112. PMC 1347474. PMID 16381832.

Wright, MW e Bruford, EA (2011):'Naming junk': nomenclatura de genes de RNA não codificadores de proteínas (ncRNA) humanos'. Human genomics. 5 (2):90-8.doi:10.1186/1479-7364-5-2-0.PMC 3051107..PMID

21296742.

Wang XJ, Reyes JL, Chua NH, Gaasterland T; Reyes; Chua; Gaasterland (2004): "Prediction and identification of Arabidopsis thaliana microRNAs and their mRNA targets". *Genome Biol. 5 (9): R65.* doi:10.1186/gb-2004-5-9-r65. PMC 522872 . PMID *15345049.*

Morozova N, Zinovyev A, Nonne N, Pritchard LL, Gorban AN, Harel-Bellan A (2012): 'Kinetic signatures of microRNA modes of action'. RNA. 18 (9): 1635-55. doi:10.1261/rna.032284.112. PMC 3425779 . PMID 22850425

Kawasaki H, Taira K e Taira (2004): "MicroRNA-196 inibe a expressão de HOXB8 na diferenciação mieloide de células HL60". Nucleic Acids Symp Ser. 48 (1): 211-2. doi:10.1093/nass/48.1.211. PMID 17150553.

Lewis BP, Burge CB e Bartel DP (2005): "Conserved seed pairing, often flanked by adenosines, indicates that thousands of human genes are microRNA targets". Cell. 120 (1): 15-20. doi:10.1016/j.cell.2004.12.035. PMID 15652477

Moxon S, Jing R, Szittya G, Schwach F, Rusholme Pilcher RL, Moulton V, Dalmay T; Jing; Szittya; Schwach; Rusholme Pilcher; Moulton; Dalmay (2008) : "Deep sequencing of tomato short RNAs identifies microRNAs targeting genes involved in fruit ripening". Genome Res. 18 (10) : 1602-9. doi:10.1101/gr.080127.108. PMC 2556272 . PMID 18653800.

Maziere P, Enright AJ e Enright (2007): "Prediction of microRNA targets". Drug Discov. Today. 12 (11-12): 452-8. doi:10.1016/j.drudis.2007.04.002. PMID 17532529.

Eulalio A, Huntzinger E, Nishihara T, Rehwinkel J, Fauser M, Izaurralde E ; Huntzinger ; Nishihara ; Rehwinkel ; Fauser ; Izaurralde (2009) : "Deadenylation is a widespread effect of miRNA regulation". RNA. 15 (1) : 21-32. doi:10.1261/rna.1399509. PMC 2612776 .
PMID 19029310.

Djuranovic S, Nahvi A, Green R; Nahvi; Green (2012): "Silenciamento de genes mediado por MiRNA por repressão translacional seguida de deadenilação e decaimento de mRNA". Science.336(6078):237-40.
Bibcode:2012Sci...336..237B.doi:10.1126/science.1215691.PMC 397187 9 . PMID 22499947.

Tan Y, Zhang B, Wu T, Skogerbn G, Zhu X, Guo X, He S, Chen R; Zhang; Wu; Skogerbn; Zhu; Guo; He; Chen (2009) : "Transcriptional inhibition of Hoxd4 expression by miRNA-10a in human breast cancer cells". BMC Mol. Biol. 10 (1): 12. doi:10.1186/1471-2199-10-12. PMC 2680403 . PMID 19232136.

Lewis BP, Shih IH, Jones-Rhoades M, Bartel DP, Burge CB (2003): "Prediction of mammalian microRNA targets". Cell. 115 (7): 787-798. doi:10.1016/S0092-8674(03)01018-3. PMID *14697198.*

Stark A, Brennecke J, Bushati N, Russell RB, Cohen SM; Brennecke; Bushati; Russell; Cohen (2005): "Animal microRNAs conferem robustez à expressão genética e têm um impacto significativo na evolução dos 3'UTR". Cell. 123 (6): 1133-46. doi:10.1016/j.cell.2005.11.023. PMID 16337999.

Li, LC (2008): "Small RNA-Mediated Gene Activation" (Ativação de genes mediada por pequenos ARN). Em Morris, Kevin V. RNA and the Regulation of Gene Expression: A Hidden Layer of Complexity [ARN e a Regulação da Expressão Génica: Uma Camada Oculta de Complexidade]. Horizon Scientific Press. ISBN 978-1-904455-25-7.

Place RF, Li LC, Pookot D, Noonan EJ e Dahiya R (2008): "MicroRNA-373 induz a expressão de genes com sequências promotoras complementares". Proc. Natl. Acad. Sci. U.S.A. 105 (5): 1608-13. Bibcode:2008PNAS..105.1608P.doi:10.1073/pnas.0707594105.PMC 223 4192 . PMID 18227514.

Salmena L, Poliseno L, Tay Y, Kats L, Pandolfi PP (2011): "A ceRNA hypothesis: the Rosetta Stone of a hidden RNA language?". Cell. 146 (3): 353-8. doi:10.1016/j.cell.2011.07.014. PMC 3235919 . PMID 21802130.

Wheeler BM, Heimberg AM, Moy VN, Sperling EA, Holstein TW, Heber S, Peterson KJ (2009): "The profound evolution of metazoan microRNAs". Evol. Dev. 11 (1): 50-68. doi:10.1111/j.1525-142X.2008.00302.X. PMID 19196333.

Pashkovskiy, P. P. e Ryazansky, S. S. (2013): "Biogénese, evolução e funções dos microRNAs das plantas". Bioquímica (Moscovo). 78 (6): 627-637. doi: 10.1134 / S0006297913060084. PMID 23980889.

Peterson KJ, Dietrich MR e McPeek MA (2009): "MicroRNAs and metazoan macroevolution: insights into canalization, complexity, and the Cambrian explosion". BioEssays. 31 (7) : 736-47. doi:10.1002/bies.200900033. PMID 19472371.

Nozawa M, Miura S e Nei M (2010): "Origins and evolution of microRNA genes in Drosophila species". Genoma Biol Evol. 2: 180-9. doi:10.1093/gbe/evq009. PMC 2942034 . PMID 20624724.

Allen, E.; Z. X. Xie; A. M. Gustafson; G. H. Sung; J. W. Spatafora; J. C. Carrington (2004) : "Evolution of microRNA genes by reverse duplication of target gene sequences in Arabidopsis thaliana". Nature Genetics. 36 (12): 1282-1290. doi:10.1038/ng1478. PMID 15565108.

Warthmann, N. ; S. Das ; C. Lanz ; D. Weigel (2008) : "Comparative analysis of the MIR319a MicroRNA locus in Arabidopsis and related Brassicaceae". Biologia Molecular e Evolução. 25 (5) : 892-902. doi:10.1093/molbev/msn029. PMID 18296705.

Fahlgren, N.; S. Jogdeo; K. D. Kasschau; C. M. Sullivan; E. J. Chapman; S. Laubinger; L. M. Smith; M. Dasenko; S. A. Givan ; D. Weigel ; J. C. Carrington (2010) : "A evolução dos genes de microRNA em Arabidopsis lyrata e Arabidopsis thaliana". Plant Cell. 22 (4) : 10741089. doi:10.1105/tpc.110.073999.

Caravas J e Friedrich M (2010): "Of mites and millipedes: recent progress in resolving the base of the arthropod tree". BioEssays. 32 (6): 488-95. doi:10.1002/bies.201000005. PMID 20486135.

Kenny NJ, Namigai EK, Marletaz F, Hui JH, Shimeld SM (dezembro de 2015): 'Projeto de montagens de genoma e complementos de microRNA previstos dos lophotrochozoans intertidais Patella vulgata (Mollusca, Patellogastoda) e Spirobranchus (Pomatoceros) lamarcki (Annelida, Serpulida)'. Marine Genomics. 24 (2) : 139-146.
doi:10.1016/j.margen.2015.07.004.

Cock JM, Sterck L, Rouze P, Scornet D, Allen AE, Amoutzias G, Anthouard V, Artiguenave F, Aury JM, Badger JH, et al. (2010) : "The Ectocarpus genome and the independent evolution of multicellularity in brown algae". Nature. 465 (7298) : 617-21. Bibcode:2010Natur.465..617C.doi: 10.1038/nature09016.PMID 20520714

Cuperus, J. T. ; N. Fahlgren, ; J. C. Carrington (2011): 'Evolução e diversificação funcional dos genes MIRNA'. Plant Cell. 23 (2): 431-442. doi:10.1105/tpc.110.082784. PMC 3077775 . PMID 21317375.

Ryan, J. F.; Pang, K.; Schnitzler, C. E.; Nguyen, A.-D.; Moreland, R. T.; Simmons, D. K.; Koch, B. J.; Francis, W. R.; Havlak, P.; Smith, S. A.; Putnam, N. H.; Haddock, S. H. D.; Dunn, C. W.; Wolfsberg, T. G. ; Mullikin, J. C.; Martindale, M. Q.; Baxevanis, A. D. (2013): 'O genoma do ctenóforo Mnemiopsis leidyi e suas implicações para a evolução do tipo de célula'. Science. 342 (6164) : 1242592.
doi:10.1126/science.1242592. PMC 3920664. PMID 24337300.

Maxwell, E.K.; Ryan, J.F.; Schnitzler, C.E.; Browne, W.E.; Baxevanis, A.D. (2012): 'MicroRNAs e componentes essenciais da maquinaria de processamento de microRNA não são codificados no genoma do ctenóforo Mnemiopsis leidyi'. BMC Genomics. 13 (1): 714. doi:10.1186/1471-2164-13-714. PMC 3563456 . PMID 23256903.

Dimond PF (2010): "O potencial terapêutico dos miRNAs". Notícias de Engenharia Genética e Biotecnologia. 30 (6). p. 1. Arquivado do original em 10 de julho de 2010. Acedido em 10 de julho de 2010.

Tjaden B, Goodwin SS, Opdyke JA, Guillier M, Fu DX, Gottesman S, Storz G (2006) : "Target prediction for small, noncoding RNAs in bacteria". Nucleic Acids Res. 34 (9) : 2791-802. doi:10.1093/nar/gkl356. PMC 1464411 . PMID 16717284.

Lee RC, Feinbaum RL, Ambros V. The C. (1993) : O gene heterocrónico lin-4 de Elegans codifica pequenos RNAs com complementaridade anti-sentido ao lin-14. Cell,75 : 843-854.

Reinhart BJ, Slack FJ, Basson M, Pasquinelli AE, Bettinger JC, Rougvie AE et al (2000): O RNA de 21 nucleótidos let-7 regula o tempo de desenvolvimento em Caenorhabditis elegans. Nature, 403 : 901-906.

3 **Lagos-Quintana M, Rauhut R, Lendeckel W, Tuschl T. (2001) :** Identificação de novos genes que codificam pequenos RNAs expressos. Science ; 294 : 853-858.

Calin GA, Dumitru CD, Shimizu M, Bichi R, Zupo S, Noch E et al (2002): Deleções frequentes e regulação negativa dos genes de micro-RNA miR15 e miR16 em 13q14 na leucemia linfocítica crónica. Proc Natl Acad Sci USA, 99 : 15524-15529.

Calin GA, Cimmino A, Fabbri M, Ferracin M, Wojcik SE, Shimizu M et al (2008): Funções dos clusters MiR-15a e miR-16-1 na leucemia humana. Proc Natl Acad Sci USA;105 : 5166-5171.

Volinia S, Calin GA, Liu CG, et al (2006): A microRNA expression signature of human solid tumors defines cancer gene targets. Proc Natl Acad Sci U S A,.103:2257-61.

Lu J, Getz G, Miska EA, et al (2005): MicroRNA expression profiles classify human cancers. Nature, 435:834-8.

Lee EJ, Gusev Y, Jiang J, et al (2007): Expression profiling identifies microRNA signature in pancreatic cancer. Int J Cancer.120:1046-54.

Schetter AJ, Leung SY, Sohn JJ, et al (2008): MicroRNA expression profiles associated with prognosis and therapeutic outcomes in colon adenocarcinoma. JAMA. 299:425-36.

Sayed D, He M, Hong C, et al (2010): MicroRNA-21 é um efetor a jusante de AKT que medeia seus efeitos antiapoptóticos via supressão do ligante Fas. J Biol Chem. 285:20281-90.

Clurman BE e Hayward WS. (1989) : Activações múltiplas de protooncogene em linfomas induzidos pelo vírus da leucose aviária: evidência de eventos específicos da fase. Mol Cell Biol;9:2657-64.

Costinean S, Zanesi N, Pekarsky Y, et al (2006): Proliferação de células pré-B e leucemia linfoblástica/linfoma de alto grau em ratinhos transgénicos E(mu)-miR155. Proc Natl Acad Sci U S A.103:7024-9.

Kong W, He L, Coppola M, et al (2010): O MicroRNA-155 regula a sobrevivência, o crescimento e a quimiossensibilidade das células, tendo como alvo o FOXO3a no cancro da mama. J Biol Chem. 285:17869-79.

Valeri N, Gasparini P, Fabbri M, et al (2010): Modulation of mismatch repair and genomic stability by miR-155. Proc Natl Acad Sci USA.107:6982-7.

Tagawa H, Karube K, Tsuzuki S, Ohshima K, Seto M. (2007) : Ação sinérgica do polycistron microRNA-17 e Myc no desenvolvimento de cancro agressivo. Cancer Sci. 98:1482-90.

36. **Lee EJ, Baek M, Gusev Y, et al (2008):** Systematic evaluation of microRNA processing patterns in tissues, cell lines, and tumors [Avaliação sistemática dos padrões de processamento de microRNA em tecidos, linhas celulares e tumores]. RNA. 14 : 35-42.

Stark A, Brennecke J, Bushati N, Russell RB, Cohen SM (2005): Animal MicroRNAs conferness to gene expression and have a significant impact on 3'UTR evolution. Cell. 123:1133-46.

Zhang B, Pan X, Cobb GP, Anderson TA. (2007): microRNAs como oncogenes e supressores de tumores. Dev Biol. 302:1-12.

Kumar MS, Erkeland SJ, Pester RE, et al (2008): Supressão do desenvolvimento de tumores pulmonares de células não pequenas pela família let-7 de microRNAs. Proc Natl Acad Sci U S A.;105:3903-8.

Chang TC, Wentzel EA, Kent OA, et al.(2007): A transactivação do miR-34a pelo p53 influencia amplamente a expressão genética e promove a apoptose. Mol Cell;26:745-52.

Clape C, Fritz V, Henriquet C, et al (2009) : miR-143 interfere com a sinalização ERK5 e anula a progressão do cancro da próstata em ratinhos. PLoS ONE ;4:e7542.

Gebeshuber CA, Zatloukal K e Martinez J. (2009): miR-29a suprime a tristetraprolina, que é um regulador da polaridade epitelial e das metástases. EMBO Rep. 10:400-5.

Borchert GM, Lanier W e Davidson BL. (2006) : A RNA polimerase III transcreve microRNAs humanos. Nat Struct Mol Biol. 13 : 1097-1101.

Macfarlane LA e Murphy PR. (2010) : MicroRNA: biogénese, função e papel no cancro. Curr Genomics, 11 : 537-561.

Bartel DP. (2009) : MicroRNAs: reconhecimento de alvos e funções reguladoras. Cell ; 136 : 215-233.

Helwak A, Kudla G, Dudnakova T, Tollervey D. (2013): O mapeamento CLASH do miRNAinteractome humano revela ligação não canônica frequente. Cell, 153:654-665.

Vasudevan S, Tong Y e Steitz JA. (2007) : Da repressão à ativação: os microRNAs podem regular positivamente a tradução. Science 318 : 1931-1934.

Fabbri M, Paone A, Calore F, Galli R, Gaudio E, Santhanam R et al (2012): MicroRNAsbind to Toll-like receptors to induce prometastatic inflammatory response. Proc Natl Acad Sci USA, 109: E2110-E2116.

He S, Chu J, Wu LC, Mao H, Peng Y, Alvarez-Breckenridge CA et al. (2013): MicroRNAsactivate natural killer cells through Toll-like recetor signaling. Blood, 121:4663-4671.

Davis BN, Hilyard AC, Lagna G e Hata A. (2008): As proteínas SMAD controlam a maturação de microRNA mediada por DROSHA. Nature, 454 : 56-61.

Trabucchi M, Briata P, Garcia-Mayoral M, Haase AD, Filipowicz W, Ramos A et al (2009): A proteína de ligação ao RNA KSRP promove a biogénese de um subconjunto de microRNAs. Nature, 459 : 1010-1014.

Alarcon CR, Lee H, Goodarzi H, Halberg N e Tavazoie SF(2015): N6-metiladenosinemarks microRNAs primários para processamento. Nature, 519: 482-485.

Calin GA e Croce CM. (2006) : MicroRNAs e anomalias cromossómicas nas células cancerosas Oncogene; 25: 6202-6210.

Tagawa H e Seto M. A (2005): microRNA cluster as a target of genomic amplification inmalignant lymphoma. Leukemia, 19: 20132016.

Hayashita Y, Osada H, Tatematsu Y, Yamada H, Yanagisawa K, Tomida S et al (2005): A polycistronic microRNA cluster, miR-17-92, is overexpressed in humanlung cancers and enhances cell proliferation. Cancer Res ; 65 : 9628-9632.

Mavrakis KJ, Wolfe AL, Oricchio E, Palomero T, de Keersmaecker K, McJunkin Ket al. (2010) : O rastreio de interferência mediada por

ARN a nível do genoma identifica alvos do miR-19 na leucemia linfoblástica aguda de células T induzida por Notch. Nat Cell Biol, 12 : 372-379.

Zhang L, Huang J, Yang N, Greshock J, Megraw MS, (2006) : Giannakakis A et al.MicroRNAs exhibit high frequency genomic alterations in human cancer. Proc Natl Acad Sci USA, 103 : 9136-9141.

Calin GA, Sevignani C, Dumitru CD, Hyslop T, Noch E, Yendamuri S et al (2004): Os genes de microRNA humanos estão frequentemente localizados em locais frágeis e em regiões genómicas envolvidas em cancros. Proc Natl Acad Sci USA,101 : 2999-3004.

Saini HK e Griffiths-Jones S, (2007) : Enright AJ. Análise genómica de transcrições de microRNA humanos. Proc Natl Acad Sci U S A.;104:17719- 24.

Baskerville S e Bartel DP. (2005) : Microarray profiling of microRNAs reveals frequent coexpressionwith neighboring miRNAs and host genes. RNA;11:241-7.

Calin GA, Sevignani C, Dumitru CD, et al (2004) : Os genes de microRNA humanos estão frequentemente localizados em sítios frágeis e regiões genómicas envolvidas em cancros. Proc Natl Acad Sci U S A.,101:2999- 3004.

Calin GA, Dumitru CD, Shimizu M, et al (2002): Deleções freqüentes e regulação negativa dos genes de micro RNA miR15 e miR16 em 13q14 na leucemia linfocítica crônica. Proc Natl Acad Sci U S A.;99:15524-9.

Cimmino A, Calin GA, Fabbri M, et al (2005): Os miR-15 e miR-16 induzem a apoptose através da ativação do BCL2. Proc Natl Acad Sci U S A.,102:13944-9.

Calin GA, Cimmino A, Fabbri M, et al (2008): MiR- 15a e miR-16
1 na leucemia humana. Proc Natl Acad Sci U S A.;105: 5166-71.

Saini HK, Griffiths-Jones S, Enright AJ (2007): Análise genómica dos transcritos de microRNA humanos. Proc Natl Acad Sci U S A.,104:17719-24.

Baskerville S e Bartel DP. (2005) : Microarray profiling of microRNAs reveals frequent coexpression with neighboring miRNAs and host genes. RNA, 11:241-7.

55. **Calin GA, Sevignani C, Dumitru CD, et al (2004) :** Os genes de microRNA humanos estão frequentemente localizados em locais frágeis e em regiões genómicas envolvidas em cancros. Proc Natl Acad Sci U S A.;101:2999- 3004.

Calin GA, Dumitru CD, Shimizu M, et al (2002): Deleções freqüentes e regulação negativa dos genes de micro RNA miR15 e miR16 em 13q14 na leucemia linfocítica crônica. Proc Natl Acad Sci U S A., 99:15524-9.

Cimmino A, Calin GA, Fabbri M, et al (2005): Os miR-15 e miR-16 induzem a apoptose através da ativação do BCL2. Proc Natl Acad Sci U S A.,102:13944-9.

Calin GA, Cimmino A, Fabbri M, et al (2008): Funções dos clusters MiR-15a e miR-161 na leucemia humana. Proc Natl Acad Sci U S A.,105 : 5166-71.

Saito Y, Liang G, Egger G, et al (2006): Ativação específica do microRNA-127 com regulação negativa do proto-oncogene BCL6 por fármacos modificadores da cromatina em células cancerígenas humanas. Cancer Cell;9:435-43.

79. **Lujambio A e Esteller M. (2009):** Como a epigenética pode explicar a metástase humana: um novo papel para os microRNAs. Cell Cycle;8:377-82.

Thomson JM, Newman M, Parker JS, Morin-Kensicki EM, Wright T, Hammond SM (2006): Extensive post-transcriptional regulation of microRNAs and its implications for cancer. Genes Dev, 20: 2202-2207. 55 **Walz AL, Ooms A, Gadd S, Gerhard DS, Smith MA, Guidry Auvil JM et al. (2015):** Recorrente DGCR8, DROSHA, e SIX mutações homeodomínio em tumores de Wilms histologia favorável. Cancer Cell, 27: 286-297.

Iliou MS, da Silva-Diz V, Carmona FJ, Ramalho-Carvalho J, Heyn H, Villanueva A et al. (2014): Função DICER1 prejudicada promove stemness e metástase no cancro do cólon. Oncogene, 33: 4003-4015.

Merritt WM, Lin YG, Han LY, Kamat AA, Spannuth WA, Schmandt R et al (2008): Dicer, Drosha, and outcomes in patients with ovarian cancer. N Engl J Med, 359: 2641-2650.

Pampalakis G, Diamandis EP, Katsaros D, Sotiropoulou G. (2010): Down-regulation of dicer expression in ovarian cancer tissues. Clin Biochem ; 43 : 324-327.

Karube Y, Tanaka H, Osada H, Tomida S, Tatematsu Y, Yanagisawa K et al (2005) : Expressão reduzida de Dicer associada a um mau prognóstico em doentes com cancro do pulmão. Cancer Sci, 96 : 111-115.

61 **Dome JS e Coppes MJ. (2002) :** Avanços recentes na genética do tumor de Wilms. Curr Opin Pediatr ; 14 : 5-11.

Zhang J, Fan XS, Wang CX, Liu B, Li Q, Zhou XJ. (2013) : Aumento da expressão de Ago2 no carcinoma gástrico. Med Oncol; 30: 628.

Voller D, Reinders J, Meister G, Bosserhoff AK. (2013): Forte redução da expressão de AGO2 no melanoma e consequências celulares. Br J Cancer, 109: 3116-3124.

Melo SA, Moutinho C, Ropero S, Calin GA, Rossi S, Spizzo R et al (2010): Um defeito genético na exportina-5 aprisiona os microRNAs precursores no núcleo das células cancerígenas. Cancer Cell ; 18 : 303-315.

Hanahan D e Weinberg RA. (2011) : As características do cancro: a próxima geração. Cell; 144: 646-674.

O'Donnell KA, Wentzel EA, Zeller KI, Dang CV, Mendell JT (2005): microRNAs regulados por c-Myc modulam a expressão de E2F1. Nature ; 435 : 839-843.

Sylvestre Y, De Guire V, Querido E, Mukhopadhyay UK, Bourdeau V et al (2007): An E2F/miR-20a autoregulatory feedback loop. J Biol Chem, 282 : 2135-2143.

Woods K, Thomson JM e Hammond SM (2007): Direct regulation of an oncogenic microRNA cluster by E2F transcription factors. J Biol Chem ; 282 : 2130-2134.

70 **He L, Thomson JM, Hemann MT, Hernando-Monge E, Mu D, Goodson S et al (2005):** A microRNA polycistron as a potential human oncogene. Nature, 435 : 828-833.

Hatfield SD, Shcherbata HR, Fischer KA, Nakahara K, Carthew RW et al (2005): A divisão das células estaminais é regulada pela via do microRNA. Nature ; 435 : 974-978.

Gillies JK e Lorimer IA. (2007) : Regulação de p27Kipl por miRNA 221/222 em glioblastoma. Cell Cycle ; 6 : 2005-2009.

Galardi S, Mercatelli N, Giorda E, Massalini S, Frajese GV, Ciafre SA et al (2007): A expressão de miR-221 e miR-222 afecta o potencial de proliferação de linhas celulares de carcinoma da próstata humano através da ativação de p27Kip1. J Biol Chem ; 282 : 23716-23724.

Dolezalova D, Mraz M, Barta T, Plevova K, Vinarsky V, Holubcova Z et al (2012): Os microRNAs regulam a expressão da proteína p21 (Wafl / Chipl) e a resposta a danos no DNA em células-tronco embrionárias humanas. Stem Cells ; 30 : 1362-1372.

Yi C, Wang Q, Wang L, Huang Y, Li L, Liu L et al. (2012): O MiR-663, um microRNA que tem como alvo o p21WAF1/CIP1, promove a proliferação e a tumorigénese do carcinoma nasofaríngeo. Oncogene; 31:

4421-4433.

Du B, Wang Z, Zhang X, Feng S, Wang G, He J et al. (2014): MicroRNA-545 suprime a proliferação celular, visando a ciclina Dl e CDK4 em células de cancro do pulmão. PLoS One; 9: e88022.

Peng Y, Dai Y, Hitchcock C, Yang X, Kassis ES, Liu L et al. (2013): A sinalização do fator de crescimento da insulina é regulada pelo microRNA-486, um microRNA subexpresso no câncer de pulmão. Proc Natl Acad Sci USA; 110: 15043-15048.

Ferdin J, Kunej T e Calin GA (2010): Non-coding RNAs: identification of cancer- associated microRNAs by gene profiling. Technol Cancer Res Treat;9:123-38.

Ferracin M, Pedriali M, Veronese A, Zagatti B, Gafa R, Magri E, Lunardi M, Munerato G, Querzoli G, Maestri I, et al. (2011): Perfil de microRNA para a identificação de cancros com tecido de origem primário desconhecido. J Pathol;225:43-53.

Kent OA e Mendell JT. (2006) : Uma pequena peça no puzzle do cancro: microRNAs como supressores de tumores e oncogenes. Oncogene;25:6188- 96.

Hanahan D e Weinberg RA. (2011) : Características do cancro: a próxima geração. Cell. 144:646-74.

Gandellini P, Profumo V, Folini M, Zaffaroni N. (2011): MicroRNAs as new therapeutic targets and tools in cancer. Expert Opin Ther Targets;15:265-79.

Calin GA, Dumitru CD, Shimizu M, Bichi R, Zupo S, Noch E, Aldler H, Rattan S, Keating M, Rai K, et al (2002): Deleções frequentes e regulação negativa dos genes de micro-RNA miR15 e miR16 em 13q14 na leucemia linfocítica crónica. Proc Natl Acad Sci USA. 99:15524-9.

Cimmino A, Calin GA, Fabbri M, Iorio MV, Ferracin M, Shimizu M, Wojcik SE, Aqeilan RI, Zupo S, Dono M, et al. (2005): miR-15 e miR-16 induzem a apoptose através da ativação da BCL2. Proc Natl Acad Sci USA. 102:13944-9.

Calin GA, Sevignani C, Dumitru CD, Hyslop T, Noch E, Yendamuri 5, Shimizu M, Rattan S, Bullrich F, Negrini M, et al (2004) : Os microRNAgenes humanos estão frequentemente localizados em sítios frágeis e em regiões genómicas envolvidas em cancros. Proc Natl Acad Sci USA. 101:2999-3004.

Zhang L, Huang J, Yang N, Greshock J, Megraw MS, Giannakakis A, Liang S, Naylor TL, Barchetti A, Ward MR, et al. (2006) : microRNAs exibem alterações genómicas de alta frequência no cancro humano. Proc Natl Acad Sci USA;103:9136-41.

Slaby O, Bienertova-Vasku J, Svoboda M, Vyzula R. (2011): Polimorfismos genéticos e microRNAs: uma nova direção na epidemiologia molecular do cancro sólido. J Cell Mol Med. Epub 21.

Barh D, Malhotra R, Ravi B, Sindhurani P. (2010): MicroRNA let-7: uma nova geração de terapias contra o cancro. Curr Oncol;17:70-80.

Takamizawa J, Konishi H, Yanagisawa K, Tomida S, Osada H, Endoh H, Harano T, Yatabe Y, Nagino M, Nimura Y, et al (2004): Reduced expression of let-7 microRNAs in human lung cancer in association with reduced postperative survival. Cancer Res. 64:3753 - 6 .

Brueckner B, Stresemann C, Kuner R, Mund C, Musch T, Meister M, Sultmann H e Lyko F. (2007): O locus humano let-7a-3 contém um gene microRNA regulado epigeneticamente com função oncogénica. Cancer Res;67:1419-23.

Zhao Y, Deng C, Wang J, Xiao J, Gatalica Z, Recker RR, Xiao GG. (2011) : Os miRNAs da família Let-7 regulam a sinalização do recetor de estrogénio-alfa no cancro da mama positivo para o recetor de estrogénio. Breast Cancer Res Treat; 127:69-80.

Li D. (2011): Metformina como agente antitumoral na prevenção e tratamento do cancro. J Diabetes. Epub Feb 21.

Oliveras-Ferraros C, Cuff S, Vazquez-Martin A, Torres-Garcia VZ, Del Barco S, Martin-Castillo B, Menendez JA. (2011) : Perfil de expressão de micro(mi)RNA de células epiteliais de cancro da mama tratadas com o fármaco antidiabético metformina: indução do miRNA supressor de tumor let- 7a e supressão do miRNA-181a oncomiR induzido por TGFb. Cell Cycle;10:1144-51.

Di Leva G e Croce CM. (2010) : Roles of small RNAs in tumor formation. Trends Mol Med;16:257-67.

Bao B, Wang Z, Li Y, Kong D, Ali S, Banerjee S, Ahmad A, Sarkar FH. (2011) : As complexidades da obesidade e da diabetes no desenvolvimento e progressão do cancro do pâncreas. Biochim Biophys Ata;1815: 135-46.

Bianchi F, Nicassio F, Marzi M, Belloni E, Dall'olio V, Bernard L,

Pelosi G, Maisonneuve P, Veronesi G, Di Fiore PP. (2011) : Um teste de diagnóstico de miRNA circulante no soro para identificar indivíduos assintomáticos de alto risco com cancro do pulmão em fase inicial. EMBO Mol Med;3:495-503.

Chu H, Wang M, Shi D, Ma L, Zhang Z, Tong N, Huo X, Wang W, Luo D, Gao Y, et al. (2011): O polimorfismo Hsa-miR-196a2 Rs11614913 contribui para a suscetibilidade ao cancro: evidências de 15 estudos de caso-controlo. PLoS ONE;6:e18108.

Ferlay J, Soerjomataram I, Ervik M, et al. (2013): GLOBOCAN 2012 v1.0, Cancer incidence and mortality worldwide: IARC CancerBase No. 11: France. http://globocan.iarc.fr/ (24 de agosto de 2015, data da última consulta).

Bertoli G, Cava C e Castiglioni I. (2015): MicroRNAs: Novos biomarcadores para diagnóstico, prognóstico, predição de terapia e ferramentas terapêuticas para o cancro da mama. Theranostics;5:1122-43.

Hui AB, Shi W, Boutros PC, et al (2009): Robust global micro-RNA profiling with formalin-fixed paraffin-embedded breast cancer tissues. Lab Invest;89:597-606.

Shi W, Gerster K, Alajez NM, et al (2011): MicroRNA-301 medeia a proliferação e a invasão no cancro da mama humano. Cancer Res;71:2926- 37.

Fyles AW, McCready DR, Manchul LA, et al (2004): Tamoxifeno com ou sem irradiação da mama em mulheres com 50 anos de idade ou mais com cancro da mama inicial. N Engl J Med;351:963-70.

Pereira PM, Margues JP, Soares AR, et al (2010): Variabilidade da expressão de microRNAs em tecidos cervicais humanos. PLoS One;5:e11780.

How C, Pintilie M, Bruce JP, et al (2015): Desenvolvimento de uma assinatura de micro-RNA prognóstica para o carcinoma cervical humano. PLoS One;10:e0123946.

Kogo R, How C, Chaudary N, et al (2015): O eixo microRNA-218~ Survivin regula a migração dos nódulos linfáticos, a invasão e as metástases no cancro do colo do útero. Oncotarget;6:1090-100.

Mendenhall WM, Indelicato DJ, ScarboroughMT, et al (2009): The management of adult soft tissue sarcomas. Am J Clin Oncol;36:436-42.

Wong P, Hui A, Su J, et al (2015): Um potencial alvo terapêutico no sarcoma pleomórfico indiferenciado. Oncotarget, 6:39127-39.

Lee AW, Ng WT, Chan YH, et al (2012): The battle against nasopharyngeal cancer. Radiother Oncol;104:272-8.

Bruce JP, Hui AB, Shi W, et al (2015): Identificação de uma assinatura de microRNA associada ao risco de metástases à distância no carcinoma da nasofaringe. Oncotarget;6:4537-50.

Liu N, Chen NY, Cui RX, et al. (2012): Valor prognóstico de uma assinatura de microRNA no carcinoma nasofaríngeo: uma análise de expressão de microRNA. Lancet Oncol;13:633-41.

Ambs S, Prueitt RL, Yi M, Hudson RS, Howe TM, Petrocca F, et al. (2008) : Genomic profiling of microRNA and messenger RNA reveals deregulated microRNA expression in prostate cancer. Cancer Res, 68:6162-70.

Huang F, Tang J, Zhuang X, Zhuang Y, Cheng W, Chen W, et al. (2014): MiR-196a promove a progressão do câncer de pâncreas, visando o fator nuclear kappa-B-inibidor alfa. PLoS One, 9:e87897.

Lee SH, Johnson D e Luong R, Sun Z. (2015): Crosstalking entre as vias de sinalização de andrógenos e PI3K / AKT em células de câncer de próstata. J BiolChem;290:2759 - 68.

Sun D, Lee YS, Malhotra A, Kim HK, Matecic M, Evans C, et al (2011): A família miR-99 de microRNAs suprime a expressão do antigénio específico da próstata e a proliferação de células de cancro da próstata. Cancer Res;71:1313-24.

Schaefer A, Jung M, Mollenkopf HJ, Wagner I, Stephan C, Jentzmik F, et al (2010): Implicações diagnósticas e prognósticas do perfil de microRNA no carcinoma da próstata. Int J Cancer;126:1166 -76.

Martens-Uzunova ES, Jalava SE, Dits NF, van Leenders GJ, Moller S, Trapman J, et al. (2012): Assinaturas de diagnóstico e prognóstico do pequeno transcriptoma de RNA não codificante no cancro da próstata. Oncogene, 31:978 -91.

Larne O, Martens-Uzunova E, Hagman Z, Edsjo A, Lippolis G, den Berg MS, et al. (2013): miQ-a novel microRNA based diagnostic and prognostic tool for prostate cancer. Int J Cancer;132:2867-75.

Casanova-Salas I, Rubio-Briones J, Calatrava A, Mancarella C, Masia E, Casanova J, et al. (2014): Identificação de miR-187 e miR-182 como biomarcadores de diagnóstico e prognóstico precoce em doentes com cancro da próstata tratados com prostatectomia radical. J Urol;192:252-9.

Gu Y, Lei D, Qin X, Chen P, Zou YM, Hu Y. (2015): A análise integrada revela que miR-182, miR-200c e miR-221 podem contribuir para o diagnóstico do cancro da próstata. PloS One;10:e0140862.

Lichner Z, Ding Q, Samaan S, Saleh C, Nasser A, Al- Haddad S, et al. (2015): miRNAs desregulados em associação com o grau de Gleason regulam a matriz extracelular, o citoesqueleto e as vias do recetor de androgénio. J Pathol;237:226 -37.

Lichner Z, Fendler A, Saleh C, Nasser AN, Boles D, Al- Haddad S, et al. (2013): A assinatura de microRNA ajuda a distinguir a falha bioquímica precoce da tardia no cancro da próstata. Clin Chem;59:1595-603.

Sun T, Wang X, He HH, Sweeney CJ, Liu SX, Brown M, et al. (2014): MiR-221 promove o desenvolvimento da independência androgénica em células de cancro da próstata através da regulação negativa de HECTD2 e RAB1A. Oncogene;33:2790 -800.

Mitchell PS, Parkin RK, Kroh EM, Fritz BR, Wyman SK, Pogosova-Agadjanyan EL, et al (2008): Circulating microRNAs as stable blood-based markers for cancer detection. Proc Natl Acad Sci U S A;105:10513 - 8.

Filella X e Foj L. (2016): miRNAs como novos biomarcadores no tratamento do cancro da próstata. Clin Chem Lab Med [Epub ahead of print].

Kirschner MB, Kao SC, Edelman JJ, Armstrong NJ, Vallely MP, van Zandwijk N, Reid G. (2011): Haemolysis during sample preparation alters plasma microRNA content. PLoS One;6:e24145.

Moldovan L, Batte KE, Trgovcich J, Wisler J, Marsh CB, Piper M. (2014): Desafios metodológicos no uso de miRNAs como biomarcadores circulantes. J Cell Mol Med;18:371-90.

Gomes CP, Cho JH, Hood L, Franco OL, Pereira RW, Wang K. A (2013): revisão de ferramentas computacionais na descoberta de microRNA. Front Genet;4:81.

Li W e Ruan K. (2009): Deteção de microRNA por microarray. Anal Bioanal Chem;394:1117-24.

Campuzano S, Torrente-Rodriguez RM, Lopez-Hernandez E, Conzuelo F, Granados R, Sanchez-Puelles JM, Pingarron JM. (2014): Magnetobiosensores baseados na proteína viral p19 para a determinação de microRNAs em células e tecidos cancerígenos. Angew Chem Int Ed Engl;53:6168 -71.

Hu T, Zhang L, Wen W, Zhang X e Wang S. (2016): Amplificação catalítica enzimática da deteção de miRNA-155 com um biossensor eletroquímico baseado em pontos quânticos de grafeno. Biosens Bioelectron;77:451- 6.

Lee H, Park JE e Nam JM. (2014): Ensaio de gel de código biológico para microRNA. Nat Commun;5:3367.

Li J, Lei P, Ding S, Zhang Y, Yang J, Cheng Q, Yan Y. (2015): Um biossensor de ressonância plasmônica de superfície sem enzima para deteção de microRNA em tempo real com base no efeito alostérico da montagem catalítica de hairpin incompatível. Biosens Bioelectron;77:435-41.

Zhang K, Wang K, Zhu X e Xie M. A (2016): estratégia one-pot para a deteção sensível de miRNA por catalisador - biossensor de fluorescência baseado em amplificação enzimática oligomérica. Sens Actuators B Chem; 223:586 -90.

MIX
Papier aus verantwortungsvollen Quellen
Paper from responsible sources
FSC® C105338

Printed by Books on Demand GmbH, Norderstedt / Germany